江苏省现代农业产业技术体系
Jiangsu Agricultural Industry Technology System
肉羊疾病防控创新团队

肉羊饲养管理
与疾病防治彩色图谱

ROUYANG SIYANG GUANLI
YU JIBING FANGZHI CAISE TUPU

成大荣　张怀林　主编

中国农业出版社
北 京

编写人员（排名以姓氏拼音为序）

主　编　成大荣（扬州大学）
　　　　张怀林（江苏省高邮市菱塘回族乡农业服务中心）

副主编　陈前岭（江苏省泗阳县畜牧兽医站）
　　　　陆宏辉（江苏省海门市农业技术推广中心）
　　　　陶建平（扬州大学）
　　　　邢　华（扬州大学）

参　编　柏　雪（江苏省高邮市菱塘回族乡农业服务中心）
　　　　何庆玲（江苏省睢宁县畜牧兽医技术指导站）
　　　　缪永兴（江苏省高邮市菱塘回族乡农业服务中心）
　　　　倪俊芬（江苏省泗阳县畜牧兽医站）
　　　　邱良伟（江苏省睢宁县畜牧兽医技术指导站）
　　　　施彬彬（江苏省海门市畜牧兽医站）
　　　　佟学田（江苏省高邮市菱塘回族乡农业服务中心）
　　　　杨晓峰（江苏省海门市畜牧兽医站）
　　　　余海霞（江苏省海门市畜牧兽医站）
　　　　张争劲（江苏省睢宁县畜牧兽医技术指导站）
　　　　朱霞云（江苏省泗阳县畜牧兽医站）

前　言

　　近年来，羊病并没有因为羊场规模化程度的提高而减少，反而因为新病进入、老病新发以及多种病原的混合感染使得病情更加复杂。在肉羊养殖过程中，一些重大疫病已经得到有效防控，然而病因不明、诊断治疗困难的疾病仍有很多。疑难杂症在很多肉羊养殖场层出不穷、屡见不鲜，发病率虽然不高，但严重影响肉羊的生产性能，甚至导致羊的死亡，带来的损失不可低估。

　　制约肉羊养殖的因素很多，而羊病的发生和流行是导致养殖效益下降的重要因素。密切关注生产一线，传播肉羊养殖知识，普及羊病防控技术，已经成为产业的重要需求。羊病的解决虽然不是一朝一夕的事情，但下沉养羊产业一线分析与解决问题，促进养羊业健康发展，已经成为科研人员和兽医工作者的重要责任。

　　由"江苏现代农业（肉羊）产业技术体系疾病防控创新团队"牵头，"江苏现代农业（肉羊）产业技术体系菱塘基地、海门基地、泗阳基地、睢宁基地"共同参与，编写的《肉羊饲养管理与疾病防治彩色图谱》，不仅汇集了参编人员丰富的理论知识和临床实践经验，还收录了其他兽医工作者部分经典图片，图文并茂。言简意赅，实用性强。全书共包括肉羊的饲养管理、普通病、常见产科病、重要细菌病、重要病毒病、重要寄生虫病6个部分。

　　由于知识的局限性和认识的偏差，本书还有很多不足，甚至是错误，敬请读者谅解，我们将在以后的工作中认真听取建议，不断完善，及时修正。

目　录

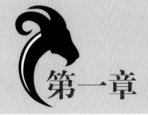

第一章

肉羊的饲养管理

第一节　舍饲养羊存在的主要问题

一、圈舍简陋

圈舍是舍饲养羊的首要条件。圈舍必须有便于饮食、利于休息和活动的环境。目前有许多建成的羊舍选址不够合理，结构不太科学，面积过大或过小，远离水源，不设围墙，冬不保暖、夏不避暑，水槽、食槽数量不当，地面不硬化，圈舍潮湿、通风不良等（图1-1-1）。

圈舍的好坏直接影响羊的健康、生长以及饲料的利用率。合理的羊舍应地势高燥、向阳背风，远离村庄、公路，距水源近；羊床面积适中（每只羊平均1～1.5m²），床前留约2m的饲喂过道，安装固

图1-1-1　简陋的羊舍

定饲槽和饮水器具（图1-1-2）；舍内地面硬化（图1-1-2），舍外有排水沟（图1-1-3）。

图1-1-2　羊舍的食槽与饲养通道

图1-1-3　羊舍两边的排水沟

舍床底板最常用的是竹垫材料（图1-1-4），但易积粪尿，易滋生细菌，尤其夏季肉羊最易发生腹泻、腐蹄病以及乳房炎等。如使用水泥材料，则夏季腹泻等疾病明显减少，

图1-1-4　羊场中最常用的竹垫舍床

但在冬季易引发肉羊受凉等病症。由于成本问题，合成材料目前尚未见在羊舍中使用，但其在清洁、干燥、保温方面具有明显优势。

应按照工厂化生产模式，把不同年龄、不同品种、不同体况和生理阶段的羊分舍饲养，设立专门的产房、羔羊舍、肉羊舍、母羊舍、公羊舍和病羊隔离舍等，并配以相应的饲养管理措施。

对羊舍、饲槽、饮水器皿及饲养工具等定期进行消毒，并轮换使用不同类型的消毒剂，如20%石灰乳、10%漂白粉溶液等。

二、靠草养羊

传统的靠草养羊已经不是规模化养羊行之有效的方法（图1-1-5）。牧草资源有限，同时饲草体积大、分量重，收割、搬运强度大，要满足大量羊群吃饱的饲草需求存在一定困难；单独靠草，羊摄取的营养物质不足，生长发育速度慢，生产效益差，已不适应规模化饲养的需要。许多农户搞舍饲养羊失败的重要原因就是靠草养羊。

规模化饲养应改变靠草养羊的理念，采用粗料为主、精料为辅、科学搭配的饲养模式。规模饲养的青饲料供应，最好是

图1-1-5　传统的靠草养羊

"种草养羊"，这样一年四季羊均可吃上鲜青草。养羊户应开辟青绿饲料专用地，人工种植紫花苜蓿、黑麦草等牧草。除夏、秋两季饲喂青草外，青草秋季收割后还可以晒制青干草或制成青贮饲料喂羊。也可种植玉米进行青贮，供羊群常年饲用。

三、饲草利用率低

舍饲养羊既存在饲草缺乏的问题，也存在饲草浪费的问题。羊对饲草挑剔性很大，直接将饲草供给羊食用，即使再好的草，羊采食一些就不愿再吃了，而是想采食其他食物，甚至是劣质的食物。羊有一定的洁癖，即使很饿，饲草及食物稍有踩踏、污染或掉在地上，则一般不会采食，造成大量饲草的浪费。

羊喜食颗粒状食物，因此可制备颗粒饲料。颗粒饲料就是将各种饲草和精料搭配在一起，用颗粒加工机制成颗粒状，供羊食用（图1-1-6）。颗粒饲料的制作并不困难，生产实践中是可行的。

图1-1-6　饲喂颗粒饲料的羊场

四、营养不平衡

仅用玉米秸秆和玉米饲喂羊，或主要靠玉米、玉米秸秆，仅搭配少量其他食物喂羊，会导致羊的营养不足和营养不平衡。蛋白质缺乏、矿物元素和维生素不足，会导致羊营养不良，生长发育迟缓，繁殖率低下，体质差，疾病多。

配制精饲料时除要有一定量的玉米外，还要按比例搭配豆粕、麸皮、鱼粉、骨粉等蛋白质饲料。此外，若加入适量瘤胃代谢调节剂、尿素缓释剂等复合饲料添加剂，效益更好。同时，一定要有清洁的饮用水供羊饮用。

矿物质元素的缺乏主要是钠、硒、钙等的不足。应加喂适量食盐，羊舍内可悬挂营养舔块。

除饲草、玉米、高粱、麸皮、小麦等能量饲料之外，给舍饲羊增加一定量的蛋白质饲料可显著提高羊的增重速率，所以养羊业要重视蛋白质营养的供给，可在羊的日粮中添加一定量的豆类、豆饼、豆渣、油渣、苜蓿牧草，也可添加适量尿素来代替部分蛋白质饲料。

五、秸秆有待高效处理

农作物秸秆是羊的重要饲草资源。大多数时候农户是将秸秆铡短或打碎后直接喂羊（图1-1-7）。但秸秆直接喂羊，其营养价值很低，因为秸秆的成分大部分是木质化的粗纤维，消化难度很大，因此，不做处理的秸秆直接饲喂羊，其利用价值不大，消化利用率很低，营养作用差。期望用秸秆把羊喂肥养胖，其实发挥不了太大的作用。

图1-1-7　秸秆的加工

六、管理理念需要更新

规模养羊应因地制宜，选择合适的品种。选择体型适宜、生长快、繁殖率高、适应性强、肉质好的品种，有利于提高养羊效益。要立足自繁自养，合理组群。母羊戴耳号和编制配种档案，详细记录配种羊的编号、配种时间、配种方式和产羔情况，有计划地控制公、母羊本交，避免羊近亲繁殖引起的品种退化。用于育肥的羔羊，最好在出生后7~21d内去势。此时去势有利于提高肉的品质，并使之性情温顺，便于管理，快速育肥。

养殖规模要合理，不可盲目发展。根据现有用地多少、饲草饲料数量、劳力及投入的资金数量等条件决定规模。在刚开始养殖的时候不要贪图规模，要不断摸索总结养殖经验，采取滚雪球的方式来发展。

疾病是导致养殖损失的重要因素，要贯彻"防重于治"的方针，做好重点疾病的预防接种和综合防治工作。群养的羊易发病，主要有细菌病、病毒病、寄生虫病及营养代谢病等。

第二节　繁殖母羊的饲养管理

母羊的繁殖性能对于肉羊养殖非常重要。妊娠期母羊和哺乳期母羊的饲养管理对于提高母羊的繁殖性能、提高羔羊的成活率、增加肉羊养殖的经济效益有着重要的意义。在饲养管理过程中要针对羊处于不同阶段的生理特点、营养需求给予科学的饲养管理。

一、妊娠期母羊的饲养管理

妊娠期母羊的营养需求不但要满足自身的需要，还要为胎儿的生长发育提供营养，以及为哺乳期泌乳功能的发挥做好充足的营养储备。因此，在营养的供应上要注意保证饲料优质，且营养全面、配比均衡。在青绿饲料丰富的夏秋季节应以饲喂新鲜的青饲料为主，配合饲喂一定量的精饲料；在冬春季青饲料短缺时则可以饲喂青贮饲料、氨化饲料等；无论是饲喂何种饲料都要保证其质量，严禁饲喂发霉、变质、掺有杂质的饲料。

母羊妊娠期不同阶段的生理特点不同，饲养管理要点也不同。

（1）在妊娠前期，即母羊怀孕后的前3个月，这一阶段胎儿的生长发育速度较为缓慢，营养的供应能维持母羊需求即可；一般要求维持配种时的体况，不宜过肥，也不宜过瘦。这一阶段可以饲喂优质的秸秆饲料来替代青干草，同时还可补饲一部分优质干草或青贮料等。精料的饲喂量则要根据实际情况而定，注意保障饲料中营养物质均衡，不可忽略维生素和矿物质的添加。

（2）在妊娠后期，胎儿发育迅速，初生重的90%是在这一阶段完成的，此阶段对营养的需求大，营养供给除了满足母羊自身的需要之外，还要考虑到胎儿的生长发育及母羊泌乳的需求；若这一时期的营养供应不足，会带来一系列较为严重的后果，如胚胎早期死亡、胎儿发育受阻、生长不良、母羊产后无乳或少乳、羔羊的成活率低等。因此，这一阶段要在妊娠前期的基础上提高营养水平和饲喂量，除了要让母羊采食充足的粗饲料外，还要提高日粮中精料的比例。但是要注意在产前1周左右要减少精料的用量，防止胎儿的体重过大，引起难产。

妊娠期要做好母羊的保胎工作，避免驱打和滑倒，以免母羊受到惊吓而发生流产；避免过于拥挤、发生打斗而出现机械性流产。适量增加母羊运动，降低难产的发生率；阳光的照射对母羊的健康以及胎儿的发育都十分有利。在分娩前1个月要对母羊进行单独饲养，产前1周让母羊转入待产圈饲养，并加强护理。保持饲料的干净，不饲喂霉变的饲料，并且每次喂完料后要及时清理料槽中的剩料，以免母羊吃到受污染的饲料而发生腹泻（甚至流产）。

二、哺乳期母羊的饲养管理

母羊娩出羔羊后即进入哺乳期。在母羊分娩过程中要做好羔羊的接产以及母羊和羔羊的护理工作，以确保母羊和羔羊的健康。在母羊分娩后不可立即喂料，可让其先饮用一定量的麸皮汤，以利于体质的恢复，还可促进胎衣排出。

初乳对于初生羔羊来说非常重要，可让羔羊获得被动免疫力，对于提高羔羊的成活率意义重大。因此，在羔羊产出后要让其尽快吃上初乳。在母羊哺乳的前2个月，羔羊的营养来源主要来自母乳；乳汁是否充足对羔羊的生长发育、健康状况、抗病能力、成活率都有着直接的影响作用。因此，要加强哺乳期的饲养管理工作，使母羊分泌充足的乳汁。

母羊经历了分娩的过程，体质会大量的消耗，生殖系统也需要一定的时间来恢复。因此，哺乳期饲养管理还包括促进母羊体质、生殖系统的恢复。这期间要注意母羊营养的供应，实际营养的提供量要根据母羊的身体恢复情况和羔羊的数量来确定，如对于产双羔的母羊，每天的精料量为0.6kg，而对于产单羔的母羊精料的饲喂量则为0.4kg。

通常母羊在产羔后1个月左右泌乳量达到高峰期，随后则开始逐渐下降，而此时羔羊生长发育迅速，对营养的需求量也开始不断增加，并且羔羊此时的胃肠功能已经基本发育完全，单纯依靠母乳所摄入的营养不够维持生长发育，所以需提供一定量的粗饲料和精饲料。虽然母羊的泌乳量下降，但也不可忽视饲养管理；如果饲养管理不当、营养供应不足，会导致母羊在泌乳期的失重严重而导致繁殖性能下降，不能正常排卵发情，严重时还可能会影响终身的繁殖力。

另外，还要加强哺乳母羊的管理工作，保持圈舍的环境卫生，防止母羊发生乳房炎等生殖系统疾病。

第三节　母羊的接产

做好母羊的接产和护理工作，对于维护母羊健康，提高羔羊成活率具有重要作用。养殖人员要掌握母羊分娩前的征兆，做好临产母羊的饲养管理工作，在接产时和产后做好母羊和羔羊的护理工作。

一、准备工作

根据配种记录来推算预产期，并在此期间做好观察，以推断出母羊产羔的日期。通常母羊在分娩前半个月左右出现症状，表现为腹部增大，乳房充实、膨大，乳头增大变粗并挺起。阴门肿胀，皮肤潮红，阴道有黏液流出，有频繁排尿的现象。母羊若表现出精神不安，食欲下降，站立不安，不断地努责，则代表母羊即将分娩。

做好分娩前的准备工作：准备产房，要求温暖、干燥、采光和通风良好，注意环境卫生和消毒工作。准备好接产需要的一些器械与工具，如水桶、毛巾、脸盆、剪刀、消毒药、干草、秤以及记录本等。另外，要对接产用的工具进行消毒，以防止将病菌带入母羊体内。

二、接产工作

产房应打扫干净，然后进行彻底消毒；在产羔期间，对产房还要进行2～3次消毒，消毒剂可用2%～3%来苏儿，消毒效果较好。保持产房内温度在5～15℃之间，湿度在50%～55%。

接产前，将母羊乳房及后肢内侧的毛清理干净，并用温水将母羊乳房、尾根、外阴部及肛门等处清洗干净，然后用1%的来苏儿进行消毒。

母羊能顺产，就尽量自行分娩。通常经产母羊的产程要比初产母羊短，一般在羊膜破裂数分钟到0.5h即可将羔羊顺利产出；如果出现产双羔或多羔的情况，母羊则会表现为在产出第一羔后仍有努责和阵痛的表现，此时经10～20min即可产出第二羔。分娩时，应做好观察与检查工作，防止羔羊发生意外死亡。

尽管生产中母羊难产的现象较少，但是随着饲养管理的改进，羔羊的体重越来越大，产多胎的概率也越来越高，这些都增加了母羊分娩时出现难产的概率，因此要做好助产的准备工作。当母羊发生难产时要科学助产，根据实际引发难产的原因，以及羔羊的胎位来选择合适的助产方法，以免伤害到母羊和羔羊。助产时，可用外力将胎儿的两前肢反复拉出来再送进去，注意用力不要过猛，拉拽要与母羊努责节奏一致，最后缓慢向后下方拉出羔羊。

在羔羊产出后要及时清理母羊排出的胎衣，防止羊吃掉。如果在分娩后的2～3h胎衣仍未排出，则要加以重视，应采取有效的措施来促使胎衣排出。母羊在分娩后体质较为虚弱，不宜立即喂料，可喂饮适量的麸皮红糖水，以补充体液。

三、羔羊护理

在羔羊出生后，应及时将口鼻处的黏液清理干净。一般羔羊的脐带在出生后1周左右会自行干缩脱落；对于没有自行脱落的则要人工断脐，在距离羔羊腹部2～3cm处剪断，然后用碘酊消毒。

羔羊产出后，要让母羊将其身上舔舐干净，以助于增进母羊与羔羊的感情。如果母羊不舔羔羊，则要及时使用毛巾将其体表擦干，防止羔羊受凉。

有时羔羊在出生后心脏虽然跳动但不呼吸，称为"假死"。应清除掉"假死"羔羊呼吸道内的黏液、羊水，擦净鼻孔，让羔羊前低后高仰卧，手握前肢，反复前后屈伸，轻轻拍打胸部两侧。或提起羔羊两后肢，使羔羊悬空并轻拍其背、胸部，使堵塞咽喉的黏液流出，并刺激肺呼吸。

羔羊出生后1～2h内要尽早吃上初乳。初乳含有丰富的蛋白质、维生素等营养物质以及大量的抗体，可促使羔羊排出胎便并获得被动免疫力。若遇到母羊乳汁分泌不足、无乳或一胎多羔，则应及时找保姆羊喂奶，或进行人工喂奶。

羔羊在出生后的1个月内基本以吃母乳为生，但是在出生后半个月左右即可训练其采食饲料。这样可促进羔羊消化系统的发育，还可为羔羊提供充足的营养，以确保羔羊快速的生长发育。

在使用保姆羊时，要使用酒或油涂抹羔羊的臀部和母羊的口，或在羔羊的头顶、耳根、尾部涂上保姆羊的胎液、乳汁，以使母羊认羔。人工喂奶时则要注意定时定量定温，通常10日龄以内羔羊每天喂4～5次，每次100mL，以后可逐渐减少喂奶次数，增加喂奶量。

初生羔羊的体温调节能力和适应能力较差，对外界环境的变化较为敏感。如果温度不适宜，易造成感冒，严重时会诱发肺炎。因此，应注意羔羊舍的环境控制，保障适宜的温度和湿度，做好通风换气工作。虽然羔羊可通过初乳获得被动免疫力，但是抗病能力仍然较差，因此要保持羔羊舍的环境卫生良好，做好消毒工作，以杀灭舍内的病原菌，防止羔羊感染疾病。给羔羊提供一个舒适的环境，提高羔羊的成活率。

为使羔羊获得充足的乳汁，要加强母羊哺乳期的饲养管理。饲喂母羊优质的全价饲料，以促进母羊多泌乳，同时还要喂一些盐、麸皮、骨粉等，不但可促进母羊体质恢复，还可以提高乳汁中矿物质与维生素的含量，从而使羔羊获得充足的营养，促进羔羊的生长发育。

第四节 羔羊的饲养管理

从出生到断奶阶段的羊，称为羔羊。羔羊时期是一生中生长发育最旺盛的阶段，一般为2～3个月。羔羊饲养管理的目标是提高成活率，减少发病率，提高整齐度，降低淘汰率，提高羔羊断奶标准达标率。

一、早吃初乳，吃好常乳

母羊产后3～5d内排出的乳汁称为初乳。初乳营养丰富，含有丰富的蛋白质、脂肪等营养物质以及免疫抗体，可增强羔羊的抵抗力，促进胎粪的排出。哺乳前，应先将母羊乳房用温水清洗干净，然后再让羔羊吸吮。对出现母羊死亡或母羊产羔较多的情况，可将羔羊寄养或进行人工哺乳，以保证羔羊能获得生长所需的乳汁。进行人工补乳要坚持定时、定量、定温、定质的原则，确保饲喂羔羊的乳汁清洁、新鲜，且经过加热消毒。用于喂奶的器具，每次使用后要清洗和消毒。新生羔羊1周龄后，可随母羊自由哺乳，羔羊每日哺乳4～5次，每次间隔3h，随着羔羊日龄的增长，可适当减少哺乳次数，增加单次的哺乳量。

二、适时补饲，及时断奶

哺乳期羔羊要及早补饲，以获得更加全面的营养补充。补饲可从15日龄开始，选喂优质的杂草和豆科牧草。到20日龄时，可给羔羊补饲混合精料；精料要磨碎，并按羔羊个体大小进行饲喂；初期饲喂量可按每日每头30～50g的标准；随日龄的增长，逐渐增加精料用量，同时在精料中添加一定量的食盐和骨粉。要给羔羊提供充足、清洁的饮水。

通常羔羊45～60日龄即可断奶，断奶具体时间还要考虑羔羊个体生长发育情况以及采食青饲料的能力，如果羔羊的采食情况较差，生长发育不良，可考虑推迟断奶，但不能超过3月龄。断奶时可将母羊牵离原舍，将羔羊留下。断奶后的羔羊初期会出现食欲下降，此时要精心饲养，认真观察，防止异常情况的发生；仍按照断奶前的饲喂习惯进行饲养，直至状态稳定。

三、加强羔羊日常管理

新生羔羊体温调节功能不完善，对低温适应性差，特别是在寒冷的冬春季节。羊群为取暖会相互拥挤在一起，容易将羔羊挤压踩死。因此，应做好羊舍的防寒保暖工作，保持舍内温度在5℃以上。

做好环境卫生工作，合理通风，保持舍内空气良好，清洁干燥。及时清扫羊舍内的粪便及各种废弃物，及时更换垫草。定期对圈舍墙壁、地面、活动场以及器具进行消毒，以杀灭病原微生物，避免羔羊发生感染。

羔羊生长发育较快，适当的运动可促进羔羊的生长发育。羔羊长至7日龄后，就可进行舍外运动，舍外运动应选择风和日丽的晴天，多晒太阳，利于其增强体质，减少疾病的发生。

四、做好疫病防控工作

新生羔羊免疫水平较低，对病原微生物的感染抵抗能力较差，一旦感染发病，则严重影响生长发育，甚至会发生死亡。因此，加强疫病监测很重要，日常注意观察羔羊的食欲、精神、粪便等状况，对有异常的羔羊要及时进行诊断，并进行隔离治疗。

根据本地区疫病的流行情况和免疫抗体监测情况，制订科学合理的免疫方案，严格按照免疫操作规程实施，以达到良好免疫效果。对母羊羊痘、口蹄疫、羊梭菌性疾病以及传染性胸膜肺炎等常见疫病进行免疫，确保羔羊出生后可获得较高水平的母源抗体。15～30日龄以上的羔羊可皮下注射山羊传染性胸膜肺炎氢氧化铝灭活疫苗，免疫力可持续1年；对20日龄的羔羊，可用羊梭菌病多联干粉灭活疫苗，皮下注射1mL；2月龄以上的羔羊可在尾根皮内注射绵羊/山羊痘弱毒冻干苗，免疫力可持续1年。

五、提高初生羔羊成活率

羔羊成活率低，必然给肉羊的养殖生产带来经济损失。导致羔羊成活率低的原因很多，应采取相应的措施可提高初生羔羊成活率。

1. 羔羊死亡的主要原因

（1）母乳不足　羔羊出生后的营养主要来源于母乳。如果母羊在产后体质虚弱，补料催奶不及时，初产母羊配种过早或者乳房发育不良，母羊在产后患病未能及时治疗，有些母羊一胎产多羔都会导致乳汁分泌不足，羔羊无法吃到充足的乳汁，而处于饥饿或者半饥饿的状态，导致羔羊的体质瘦弱，抵抗力下降。一旦饲养管理不善、天气突变或者感染疾病就会导致羔羊死亡。

（2）管理粗放　未设置独立羔羊舍，而将哺乳母羊、羔羊与其他成年羊混合饲养。这种情况下，哺乳母羊和羔羊的饲料会被其他羊抢食。羊群过于拥挤，卫生条件较差，羊舍内温度不适宜，过于潮湿都会威胁到妊娠母羊、哺乳母羊和初生羔羊的健康。混合饲养还易导致初生羔羊发生意外事故，同时也为某些疾病的发生与传播提供了条件。

（3）补料不及时　羔羊出生后的生长速度快，对营养物质的需求也会逐渐增加。如果补料不及时则满足不了羔羊生长发育的需求，会导致羔羊掉膘严重，体质较差。

（4）保暖措施不当　羊喜欢温暖、干燥、清洁的环境，尤其是羔羊对温度的要求更高。如果温度不适宜，保暖工作不当，会导致羔羊的死亡率升高。另外，如果羔羊舍的环境较差、温度较低、湿度较大、草料不卫生等还易导致羔羊发生多种疾病，给羔羊的健康带来隐患，导致其成活率降低。

（5）免疫不到位　初生羔羊靠吃初乳获得被动免疫，但被动免疫是有一定的时间限制的。如没有严格按照免疫程序接种相关的疫苗，出现某种疫苗未注射或漏注的现象，某些疾病就会发生而使初生羔羊的成活率下降。

2. 提高羔羊成活率的技术措施

（1）加强妊娠母羊饲养管理　加强饲养管理的目的是增强母羊的体质，保证其在分娩后能分泌出产量高、质量好的乳汁，为初生羔羊提供充足的营养。

在母羊妊娠期间，尤其是妊娠后2个月，胎儿快速生长发育。这一阶段要根据母羊的体况提供适宜的营养。另外，在母羊产后也要加强饲养管理，适当补喂一些易于消化的饲料，尤其是青绿多汁的饲料，以促进母羊多分泌乳汁，保证羔羊的体质健康和成活率。

初产母羊的羔羊死亡率要比经产母羊高一些。因此，加强初产母羊的饲养管理以及哺乳工作的管理也是提高初生羔羊成活率的重要工作。青年母羊应适时配种，不可配种过早，否则易导致母羊体况下降，胎儿发育受阻，使初生羔羊的体质较差等。如初生母羊在产羔后出现母性差、不哺乳羔羊的现象，则要根据实际的情况采取相应的措施；对于母羊不恋羔的现象，应想办法培养母子感情；对于母羊拒绝哺乳则可能是由于初产母羊乳房发育不良，或由于乳房发生肿胀疼痛，此时要做好护理工作，减轻母羊乳房的疼痛感。

（2）做好初生羔羊接产工作　首先要准备产羔室，要求干燥、光线充足、清洁、温度适宜，并做消毒工作。在母羊分娩时要正确接产，尽量让母羊自行生产，如遇难产则要实施科学助产。羔羊在产出后要让母羊将羔羊身上的胎液舔舐干净或使用毛巾擦干，以免羔羊受凉。在羔羊出生后要尽快地让其吃上初乳；吃不到母乳的羔羊则要找保姆羊，或进行人工哺喂，防止羔羊饥饿。

（3）加强羔羊护理　初生羔羊体温调节能力较差，抗病能力不强，易受多种病原侵袭而患病，因此要保持羔羊舍干燥、清洁、温度适宜，勤换垫草垫料。对于体质较差的羔羊则要加强护理工作。及时对初生羔羊进行免疫接种，使其获得免疫力。

要设置单独的羔羊舍，与其他成年羊分开饲养，避免在养殖过程中发生意外，还可减少疾病的传播。随着羔羊的生长发育、体重的增加，一般在7日龄左右时要进行补饲工作，以使羔羊获得充足的营养，同时还可以锻炼其肠胃的功能。

第五节　注意肉羊采食减少

在肉羊养殖过程中常出现采食减少的现象。如果肉羊的采食量下降，摄入的营养物质就会减少，影响生长发育导致肉羊掉膘以及抗病能力降低。

一、肉羊采食减少的原因

1. 饲料因素

饲料的适口性是影响肉羊采食量的重要因素。适口性良好的饲料，肉羊的采食量较高；而冬季青绿多汁饲料相对不足，饲料种类较少，多以青干草和秸秆类饲料为主，适口性较差，而导致肉羊食欲不佳，采食变少。饲料的贮存不当，如料库温度不适宜、湿度过大、通风不良等，会引起饲料发霉、变质，或由于饲料受到污染而导致饲料的口味和营养价值都受到影响，从而导致肉羊的采食量降低。如果肉羊采食过多的霉变饲料，还会出现中毒现象，影响肉羊的健康。肉羊日粮的粗精比例不当，精料的饲喂量过多，影响瘤胃的正常功能，出现消化不良等消化系统疾病，从而使采食量降低。

2. 管理因素

目前肉羊多采用舍饲育肥方式，但舍饲肉羊会缺乏运动。运动不足会使肠胃功能变差，采食量减少。养殖环境过于恶劣，如湿度过大、环境卫生不良、通风不到位、舍内空气质量较差等会使肉羊感到不适，影响肉羊的食欲而使采食量下降。

3. 疾病因素

大多数疾病都会导致肉羊精神不佳、胃肠消化功能变弱，食欲减退而采食量下降，严重时甚至食欲废绝、停止采食。

二、肉羊采食减少的对策

1. 科学搭配日粮

根据当地的饲料资源，合理选择适口性良好、营养丰富、易于消化的饲料，保持饲料的多样性，尽量增加饲料的种类，以给肉羊提供生长发育、繁殖以及增重的营养需求。日粮中粗饲料的占比应为总量的2/3，可适当提高日粮中精料的饲喂量，但是不可过量，因为羊需要摄入足量的粗饲料以保证瘤胃的健康。为提高饲料的适口性，可将粗饲料进行合理的加工，常用的加工方法包括粉碎、软化、发酵制成青贮料等，然后再与精料混合饲喂，有条件的养殖者可将饲料制成颗粒料，也可以提高肉羊的采食量。对不具备粗饲料加工条件的养殖者或没有必要对粗饲料进行发酵和制粒时，饲喂前可将粗饲料铡短。喂料可先喂粗料，再喂精料，然后再饮水，这样可以提高肉羊的采食量。

2. 合理饲喂

少量勤喂的方式可以避免羊出现挑食的现象，可使羊保持较为旺盛的食欲，对于提高采食量很有帮助。合理安排每天的饲喂次数，一般成年羊可每天饲喂3次，羔羊则可适当增加1～2次。夏季天气炎热，可将饲喂的时间调整到一天中较为凉爽的时段。冬季夜长昼短，则要在晚上加喂1次。更换饲料时，羊对饲料有一定的适应期；如果突然换料易产生换料应激，打乱羊的采食习惯，影响采食量和胃肠功能，会导致腹泻或便秘的发生。要逐渐过渡换料，让羊有一个适应的过程。可适当地投喂一些适口性好的青绿多汁饲料，增加肉羊的食欲，提高采食量。如有必要可以在羊的饲料中添加一些具有增香作用的添加剂，可促进羊的采食量。饮水应充足且清洁。

3. 加强管理

要给肉羊提供一个舒适的环境，提高肉羊的舒适度，使其保持较为旺盛的食欲。舍饲肉羊的运动量较少，食欲较差，可考虑降低饲养密度，让其有一定的运动空间，增强体质和食欲，促进肉羊采食，确保羊群的健康。

4. 做好疾病预防

加强日常卫生清洁和定期消毒。做好免疫接种工作，提高羊对疫病的抵抗力。

第六节　预防肉羊夏季掉膘

一、肉羊夏季掉膘的主要原因

肉羊进入夏季易出现掉膘的现象，主要原因是在夏季高温下，肉羊的食欲下降，采食量降低，营养的摄入不足，并且还易发生热应激，严重影响肉羊的生长和增重。

二、肉羊夏季掉膘的预防对策

1.改善养殖环境

要做好夏季羊舍的防暑降温工作，改善养殖环境，给肉羊提供一个舒适的生活环境。

羊舍最好坐北朝南，高度在2.5m左右，将窗户设置在距离地面高1.5m以上，既便于通风，还可起到隔潮和隔热的作用。另外，羊床与地面的距离最好30cm以上，便于粪便清理，保持羊舍良好的通风。为了增加通风量，羊舍可考虑安装对流窗，或安装通风装置，如排风扇、风机等装置。对于妊娠母羊及羔羊不可直接水淋，以免发生应激反应。羊场的四周及场区内的空地种植一些树木和植物，可绿化环境，起到遮阳降温的作用。

饲料在夏季易发生腐败变质，粪便也易发酵而产生大量的有害气体，如氨气、硫化氢等，引发肉羊不适。因此，要及时清理料槽内的剩料和舍内的粪便，保持圈舍的环境卫生，勤换垫料。还要做好定期的消毒工作，以免大量的病原菌滋生与繁殖。

夏季蚊蝇较多，会影响肉羊的休息，同时还易传播疾病。要做好蚊蝇的杀灭工作，可在羊舍的门窗上安装纱窗，也使用杀虫药进行杀灭。

另外，夏季雨水较多，如遇大雨天气，羊群易受到袭击而感冒，会造成掉膘，因此还要做好羊舍的防雨措施。

2.调控日粮营养

夏季高温情况下，肉羊的食欲减退，采食量下降，摄入的营养不足，因此要对肉羊进行营养调控，以保证肉羊在夏季的营养摄入水平。可以提高日粮的营养浓度，使肉羊在采食较少饲料的情况下也可获得充足的营养。

还可以使用尿素增肥法，尿素用量一般为精料的1.5%~2%，方法是将其与精料混合均匀后饲喂。在饲喂尿素时要注意不可饲喂过量，不可单独饲喂，也不可让其溶于水，并且在饲喂后也不可立即饮水。对于体质较为虚弱的羊则要少喂或者不喂。

要注重饲料品质，要求饲料适口性良好、营养价值高、易于消化，这对于羔羊以及妊娠母羊来说更为重要。在饲喂时可将多种饲料进行搭配，同时还要补饲适量的精料，以保证肉羊的生长发育和增重。可给肉羊适量补盐，一般为每千克体重添加0.2g，以增加饲料的适口性，增强肉羊的食欲，同时还可维持机体正常的酸碱平衡。夏季还要多饲喂肉羊一些青绿多汁饲料，可起到防暑降温作用。

3.加强日常管理

舍饲养殖尽可能选择在一天中较为凉爽的时间段来喂羊，可在早晨5时，下午6时分别喂1次，中午则可补喂一些多汁饲料。在肉羊吃饱后，要及时清理槽内的剩料，以免羊采食变质饲料，引起不适。提供充足且清凉的饮水。

4.加强疾病预防

夏季是肉羊疾病的高发期，因此要做好肉羊的疾病预防工作。为了预防肉羊夏季患病，可定期在肉羊的饲料或者饮水中进行预防性的投药，但是要注意用药不宜时间过长，以免产生耐药性。做好日常的消毒工作，包括圈舍、工具等。在夏季可对羊群进行定期驱虫的工作，在驱虫时要选择广谱、高效的驱虫药，以驱除肉羊的体内外寄生虫。

根据本场的免疫程序接种相关的疫苗，并做好记录，以免发生漏注现象。夏季是羊痘的高发季节，对于没有接种羊痘疫苗的羊要及时补种。做好羊群的健康观察工作，如果发现异常，应及时进行诊断，并对症治疗。

第七节　羊的运输应激反应

应激反应是指动物机体突然或持续受到强烈的有害刺激时，通过下丘脑引起血液中促肾上腺皮质激素浓度升高，糖皮质激素大量分泌，从而产生对动物机体有害的一切紧张状态。羊的运输应激反应，是指在长途运输过程中，羊因受外界各种因素刺激，导致其自身机体功能失调，继而出现一系列的应激状态，通常会出现流眼泪、咳嗽、感冒、腹泻及口疮等症状，甚至死亡。应激作用的发生与肉羊运输时间呈正相关。

一、应激源及其种类

引起应激反应的因子均称应激源。按作用属性，分为心理性应激、生物性应激、化学性应激和物理性应激等；按作用途径，分为心理性应激和躯体性应激等；按其作用时间，分为短期应激和长期应激等。

1.装卸应激

在装卸时，肉羊因畏惧而出现强烈的抵触、畏缩不前、争斗、攻击、逃跑等异常行为。装卸应激主要是因为动物心理上的恐惧，源于肉羊对通道、转角、斜坡的生疏以及工作人员的驱赶。

2.运输应激

运输过程中，由于密度因素、温湿条件、禁水禁食，烦躁而出现的争斗等伤害行为，以及剧烈的颠簸、急刹车而出现站立不稳、倒伏、挤压和践踏等，均是运输应激的诱因。应激的产生是诸多应激因子综合作用的结果。

3.温度应激

热应激：主要出现在夏季运输时，装载密度过大，导致车内温度升高、湿度加大。肉羊汗腺不发达，不易出汗，易引起体内积热、代谢紊乱、免疫力下降，甚至出现休克和死亡。

冷应激：主要出现在冬季运输时，未成年的羊更容易受到低温的影响，机体的能量主要用于维持体温的恒定，导致代谢减慢，机体各系统的活动性减弱。

4.禁饲应激

在肉羊运输过程中一般不供给饲料和饮水，这种方式在短途运输时是可行的。但在长途运输的过程中，肉羊缺吃少喝，丧失大量能量和水分，导致机体处于缺水和饥饿的状态，体内酸碱平衡与水盐代谢紊乱，甚至出现酸中毒等病理反应，这是引起动物发生运输应激的重要原因，也是肉羊运输中出现死亡的重要原因。

5. 环境应激

羊被运输到一个新的环境，气候、饲喂模式、微量元素和流行病原等不同，易引起环境应激。其他如蚊蝇叮咬、捕捉保定、人员呵斥、车辆噪声等也都是不可忽视的应激源。

6. 暂养应激

暂养过程中由于饲养场所的变化，环境条件的变化，日粮组成的变化，饲养人员的变化，饲养方式的变化，以及由于种内竞争而出现的打斗，会引发暂养羊群的一系列应激反应。

7. 混群应激

当肉羊被强制重组混群时，会出现心理应激，不能从心理上适应新的群体，处于一种"紧张"状态。同时，在混群初期，肉羊之间由于排斥作用，出现争斗、啃咬、打斗和相互竞争，产生应激反应。

二、运输应激的对策

1. 镇静性药物

常见的一些镇静药具有减轻肉羊应激的作用，比如安定和氯丙嗪等可以降低中枢神经的兴奋，起到镇静作用，减轻恐惧紧张心理。因此，在肉羊运输前服用一些镇静药品，可以缓解运输应激反应。

2. 合理的运输措施

控制运输数量，避免过度拥挤，建议每平方米6～7只；100～300只群体建议用笼子车。车辆底部要垫有秸秆（厚度≥5cm）。最大程度减少颠簸或急刹车情况。若羊运输时间过长（≥8h），应停车休息，适当给肉羊供水和提供饲料，饮水中最好添加葡萄糖粉或电解多维，防止羊群脱水。

3. 合理的运输时间

春、秋季是较为适宜的运输季节。

夏季运羊，车顶要有遮阳和挡雨设备，四周通风顺畅，既不能雨淋，也不能因通风不良造成温度过高。

冬季运羊，车厢前方和上下左右不能进风，保证车厢内的温度；车的后边必须留有通风口，控制湿度和气味。

4. 合理的饲养管理

若运输时间超过1d，羊群进入新场后避免立刻饲喂精饲料；可先供其饮用温热的糖盐水。在羊休息半天后，给予适量饲草；3d后可恢复正常的饲喂。合理的组群也会减少肉羊的应激反应。

圈舍应彻底消毒、通风干燥，新进羊群不与原有羊群混养。第1周的饲养模式尽量和引进前的饲养方式相近，并循序渐进地过渡到本场的饲养模式；通常新进羊群在7d后生活习惯会逐渐适应，在20d后一般恢复正常生理。

5.及时防疫与用药

若羊来源于正规养殖场，则防疫程序按原先执行。若是农户或非正规养殖场的羊，则在引进后的第3天注射羊痘疫苗，7d后注射羊梭菌病多联干粉灭活疫苗；3周后，进行体内外驱虫，采用螨净等进行淋浴或药浴，口服阿苯达唑或阿维菌素进行体内驱虫。

6.及时处理发病羊

出现流鼻涕和咳嗽等症状时，可注射咳必清（柠檬酸喷托维林），1次/d，连用3d。出现流眼泪症状，可采用由5支卡那霉素（2mL/支，共0.5g，计50万U）溶解1支青霉素（160万IU/支）配制而成的眼药水进行症状处理。出现发热症状，则对病羊注射青霉素和安乃近。

出现口疮（即烂嘴）症状时，可采用0.1%～0.2%的高锰酸钾溶液对创面进行冲洗，再涂抹碘甘油或2%龙胆紫溶液；或先采用0.5%硫酸铜溶液对溃烂部位进行清洗，清除干痂，然后再喷"口康"喷剂（主要成分为金银花、芦荟、蒲公英等），每天喷2～3次。

羊出现腹泻现象时，可采用敏感药物（如强力霉素、庆大霉素等）予以治疗；严重脱水时必须及时输液（9%生理盐水）。

胃酸过多形成瘤胃臌气和瘤胃积食时，可注射"胃康"（主要成分为黄芪、白芍等），再灌服"消气灵"（主要成分为甲硫酸新斯的明）或碳酸氢钠片。

第八节　抗生素及其合理使用

抗生素是人类伟大的发现，对人兽健康起到了重大作用。但抗生素不是万能药，大量不合理使用抗生素会带来许多问题，人类和动物的健康正在面临着极大的威胁。

一、抗生素的概念

抗生素是某些微生物（包括细菌、真菌、放线菌属）代谢过程中产生的或人工合成的一类能抑制或杀死某些其他微生物的物质，主要用于治疗各种细菌感染类疾病。

二、抗生素的发现

1929年英国细菌学家弗莱明培养细菌时，发现培养基中污染的青霉菌菌落周围没有细菌生长；他认为是青霉菌产生了某种物质抑制了细菌的生长。在第二次世界大战期间弗莱明和另外两位科学家（弗洛里、钱恩）把这种物质提取出来，这就是最早制备的抗生素——青霉素。1943年，我国微生物学家朱既明也从长霉的皮革上分离到青霉菌，并用这种青霉菌制备出了青霉素。1947年，美国微生物学家瓦克斯曼又在放线菌中发现并制备了治疗结核病的链霉素。

已发现的抗生素近万种，但绝大多数毒性太大，其中可用于人类和动物疾病治疗的不到百种。抗生素并不是都能抑制细菌生长，有些能够抑制寄生虫，有的能除草，有的可用于治疗心血管病，还有的可抑制人体的免疫反应。20世纪90年代以后，科学家们将抗生素的范围扩大，统称为生物药物素。

三、抗生素的分类

临床常用的抗生素包括β-内酰胺类、氨基糖苷类、大环内酯类、四环素类、林可霉素类、多肽类、喹诺酮类、磺胺类、抗真菌药及其他抗生素。

1.β-内酰胺类

属于繁殖期杀菌剂，抗菌谱广，毒性低。包括青霉素类、头孢菌素类、新型β-内酰胺类及β-内酰胺类与β-内酰胺酶抑制剂组成的复合制剂。

2.氨基糖苷类

属静止期杀菌剂。常用的有阿米卡星、妥布霉素、庆大霉素、奈替米星、西索米星及链霉素。主要抗革兰氏阴性（G⁻）杆菌，抗革兰氏阳性（G⁺）球菌也有一定活性，但不如头孢菌素；对厌氧菌无效；对听神经和肾有毒性作用。

3.大环内酯类

属窄谱速效抑菌剂。抗菌谱与青霉素相似，主要用于治疗需氧的G⁺球菌、G⁻杆菌及厌氧球菌。新大环内酯类包括罗红霉素、克拉霉素和阿奇霉素；阿奇霉素对G⁺球菌作用比红霉素差，对G⁻杆菌比红霉素强。

4.四环素类

属广谱抗生素。常见致病菌多已产生耐药性。现多用于支原体、衣原体、立克次体及军团菌感染。多西环素和米诺环素抗菌谱同四环素，但抗菌作用比四环素强5倍，米诺环素作用更强。

5.林可霉素类

抗菌谱较窄，主要用于葡萄球菌和厌氧菌感染。包括林可霉素、氯林可霉素，抗菌作用与红霉素相似，氯林可霉素抗菌活性较林可霉素强4～8倍。

6.多肽类

包括多黏菌素B、多黏菌素E、万古霉素、去甲万古霉素及壁霉素。多黏菌素B和多黏菌素E，肾毒性大，疗效差，只用于严重耐药的G⁻杆菌感染。万古霉素和去甲万古霉素为繁殖期杀菌剂，对G⁺球菌有高度抗菌活性；但G⁻杆菌多数耐药。壁霉素抗菌谱与抗菌作用与万古霉素相似，但对表皮葡萄球菌稍差，对肠球菌等强于万古霉素。

7.喹诺酮类

抗菌谱较广，与第三代头孢菌素相似，对G⁻杆菌抗菌活性较G⁺球菌强。包括环丙沙星、氟罗沙星、依洛沙星、司帕沙星、格雷沙星、克林沙星、巴罗沙星、曲伐沙星等。

8.磺胺类

常用的有复方新诺明，多用于轻、中度细菌感染和衣原体感染。

9.抗真菌药

包括两性霉素B、氟康唑、伊曲康唑及5-氟胞嘧啶等。两性霉素B是最强的广谱抗真菌药，尽管其毒副作用大，但仍是深部真菌感染的首选药物之一。氟康唑是广谱抗真菌药，但对曲霉菌无效。伊曲康唑口服吸收好，抗菌谱广，毒副作用小。5-氟胞嘧啶抗菌谱窄，与两性霉素B或氟康唑合用，可提高疗效，防止真菌耐药性产生。

10. 其他抗生素

例如，磷霉素抗菌谱广，但抗菌作用不强，毒性低。甲硝唑、替硝唑对各种专性厌氧菌有强大的杀菌作用，疗效明显优于林可霉素，对需氧菌或兼性厌氧菌无效，可与其他抗生素联合应用治疗混合感染。

四、滥用抗生素的危害

滥用抗生素会导致肝肾功能损害、菌群失调、抗生素相关性腹泻以及细菌的耐药性产生，甚至延误病情导致羊死亡等严重不良反应的发生。

抗生素的过量使用除了控制相应的疾病，很大程度上也抑制了普通细菌，客观上减少了微生物世界的竞争，促进了耐药性细菌的增长。细菌耐药基因的种类和数量增长速度之快，是无法用生物的随机突变来解释的。细菌不仅在同种内，而且在不同的物种之间交换基因，甚至能够从已经死亡的同类细菌散落的DNA中获得耐药基因。近年来中国的细菌耐药性监测结果表明，细菌耐药性仍呈增长趋势，呈现广泛的多重耐药。

五、抗生素的合理使用

必须了解各种抗生素相应的抗菌谱和药学特点，根据临床疾病正确选用抗生素。

1. 筛选敏感的药物

用药之前最好进行药敏试验，选择高敏感性的药物，方可收到良好的防治效果。切不可滥用药物，应定期更换不同的药物，防止耐药性的出现。

2. 有效的用药剂量

用药剂量过大，造成药物浪费甚至毒副作用；用药剂量不足，达不到预防目的，也会诱导耐药性产生。

3. 防止药物中毒

有的药物排出缓慢，可引起蓄积中毒，如长时间使用链霉素或庆大霉素易造成体内蓄积引起中毒。有的药物在预防治疗疾病的同时，也有一定的毒副作用，如长期大剂量使用喹诺酮类药物可引起肝肾功能异常。

4. 注意个体差异

幼龄、老龄羊及母羊比成年羊和公羊对药物敏感，用药剂量不应随意加大。体质强的比虚弱的耐受性要强，对体质虚弱的羊可适当减少药物用量。怀孕后用药不当易引起流产。

5. 注意药物配伍禁忌

当两种或多种药物配合使用时，可能发生理化性质的改变，使药物发生沉淀、分解、结块或变色，降低药物效果或增加毒性，造成不良后果。例如磺胺类药物与其他抗生素混合易产生中和作用；维生素B_1、维生素C为酸性物质，遇碱性抗菌药物即可分解失效。

6. 选择合适的用药方法

可根据具体情况，正确地选择给药方法。不同的给药方法会影响药物的吸收速度、利用程度、药效出现时间及维持时间，甚至会引起药物性质的改变。药物预防常用的给药方法有混饲给药、饮水给药、注射给药、气雾给药。

第九节　常用消毒方法与注意事项

一、羊场入口消毒

1.设立消毒池

消毒池宽与羊场入口大门一致，长4～5m，深0.2～0.3m。应保持足够的消毒药液，常用4%氢氧化钠溶液或3%过氧乙酸，5～7d更换一次，以保证消毒效果。外来车辆一般不得入场；确需进入，应在场外冲洗干净，干燥后再用消毒设备对整车（包括车轮、底盘及其他外部结构）喷洒至滴水，方可从消毒池进入指定位置。

2.设立消毒室

羊场入口处应设立消毒室。在室内两侧、顶部设紫外线灯或在内部安装雾化消毒设备，地面设消毒过道，用麻袋片或草垫浸4%氢氧化钠溶液。谢绝外来人员进入场内；确需进入，需按规定更换一次性防护服、鞋套、帽，经严格消毒后再进入。进入生产区的本场工作人员，均需更换工作服、鞋、帽，再经严格消毒后进入。

二、场内环境消毒

1.羊舍周围环境消毒

定期用2%火碱或生石灰消毒。羊场周围及场内污染池、排粪坑、下水道出口，每月用漂白粉消毒1次。

2.羊舍消毒

羊舍除保持干燥、通风、冬暖夏凉外，平时应做好消毒工作。一般分为两步进行：第一步先进行机械清扫；第二步用消毒液消毒。

（1）空舍消毒　首先彻底清扫，用2%～4%氢氧化钠喷洒和刷洗墙壁、床架、槽具、地面。消毒1～2h后，用清水冲洗干净。干燥后，用0.3%～0.5%过氧乙酸喷洒消毒。如羊舍具备密闭条件，可关闭门窗，用福尔马林熏蒸消毒12～24h，然后开窗通风24h，福尔马林的用量为每立方米空间25～50mL，加等量水，加热蒸发；也可用2%～4%氢氧化钠消毒，用喷雾器喷洒天花板、墙壁、地面，然后再开门窗通风，用清水刷洗饲槽、用具，将消毒药味除去。

（2）带羊消毒　一般情况下，羊舍消毒每周1次，且每年进行至少2次大消毒。产房的消毒，在产羔前进行1次，产羔高峰时进行多次，产羔结束后再进行1次。可用50%的百毒杀（戊二醛癸甲溴铵溶液）按1∶（1 500～3 000）进行消毒。

（3）病羊舍和隔离舍消毒　在病羊舍和隔离舍出口处应放置浸有消毒液的麻袋片或草垫；消毒液可用2%～4%氢氧化钠、1%菌毒敌（成分为复合酚、冰醋酸，主要针对病毒性疾病和螨病），或用10%克辽林溶液（又名煤焦油皂溶液，为煤酚中加入肥皂、树脂和氢氧化钠少许制成，味臭，杀菌作用与石炭酸相似）。

3.地面土壤消毒

可用10%漂白粉溶液、4%甲醛水溶液或10%氢氧化钠溶液。停放过芽孢杆菌所致传染病（如炭疽）病羊尸体的场所，应严格消毒。先用上述漂白粉溶液喷洒地面，然后将表层土掘起30cm左右，撒上干漂白粉，混合，最后将此表层土妥善运出掩埋。

4.粪便消毒

羊场的粪便多采用生物热消毒法，即在羊场100～200m外的地方设一堆粪场，将羊粪堆积起来，上面覆盖薄膜密封，堆放发酵1～3个月，即可用作肥料。堆粪场应有防雨、防粪液渗漏、防溢流等设施设备或措施。

5.污水消毒

将污水引入处理池，加入化学药品（如漂白粉或其他氯制剂）进行消毒，用量视污水量而定，一般1L污水用2～5g漂白粉。

三、注意事项

尽可能选用广谱的消毒药物或根据特定的病原体选用对其作用最强的消毒药。消毒药的稀释、使用方法要按照说明书进行，应保证消毒药能有效杀灭病原微生物，并要防止腐蚀、中毒等发生。不准任意将两种不同的消毒药混合使用或消毒同一物品，防止因物理或化学配伍禁忌而失效。消毒药物应定期更换，以免产生耐药性影响消毒效果。

第十节　肉羊免疫接种

一、肉羊免疫接种程序

肉羊免疫接种程序可参考表1-10-1。

表1-10-1　肉羊免疫接种程序

动物		免疫时间	疫苗	预防疫病	接种方法	剂量	免疫保护期	备注
肉羊	羔羊	15日龄	传染性胸膜肺炎氢氧化铝苗	传染性胸膜肺炎	皮下注射	5mL	12个月	必须
		20日龄	羊梭菌病多联干粉灭活疫苗	羊快疫、羊猝狙、羊肠毒血症、羔羊痢疾	后躯肌内或皮下注射	1mL	12个月	必须
		30日龄	小反刍兽疫活疫苗	小反刍兽疫	颈部皮下注射	1mL	36个月	必须
		40日龄	口蹄疫灭活疫苗	口蹄疫	颈部肌内注射	1mL	2～3个月	必须
		50日龄	山羊痘活疫苗	羊痘	尾根内侧皮下注射	0.2mL	12个月	必须
		60日龄	口蹄疫灭活疫苗	口蹄疫	颈部肌内注射	1mL	4～6个月	必须
	育成羊	70日龄	传染性胸膜肺炎氢氧化铝苗	传染性胸膜肺炎	皮下或肌内注射	5mL	12个月	必须
		4～6月龄	羊梭菌病多联干粉灭活疫苗	羊快疫、羊猝狙、羊肠毒血症、羔羊痢疾	后躯肌内或皮下注射	1mL	12个月	必须
		5～7月龄	口蹄疫灭活疫苗	口蹄疫	颈部肌内注射	1mL	4～6个月	必须

（续）

动物		免疫时间	疫苗	预防疫病	接种方法	剂量	免疫保护期	备注
母羊	妊娠母羊	分娩前30d	羔羊痢疾氢氧化铝苗	羔羊痢疾	皮下注射	2mL	5个月	可选
		分娩前20d	羊梭菌病多联干粉灭活疫苗	羊快疫、羊猝狙、羊肠毒血症、羔羊痢疾	皮下注射	1mL	12个月	必须
	哺乳母羊	分娩后15d	羔羊痢疾氢氧化铝苗	羔羊痢疾	皮下注射	3mL	5个月	可选
		分娩后15d	小反刍兽疫活疫苗	小反刍兽疫	颈部皮下注射	1mL	36个月	必须
		分娩后20d	山羊痘活疫苗	羊痘	尾根内侧或股内侧皮下注射	0.5mL	12个月	必须
		分娩后35d	口蹄疫灭活疫苗	口蹄疫	后躯肌内注射	1mL	4~6个月	必须
		分娩后35d	传染性胸膜肺炎氢氧化铝苗	传染性胸膜肺炎	皮下或肌内注射	5mL	36个月	必须
种公羊		根据流行威胁确定	小反刍兽疫活疫苗	小反刍兽疫	颈部皮下注射	1mL	36个月	可选
		每年4月和10月	口蹄疫灭活疫苗	口蹄疫	颈部肌内注射	1mL	4~6个月	必须
		每年5月下旬1次	山羊痘活疫苗	羊痘	尾根内侧皮下注射	0.5mL	12个月	可选
		每年3月和9月	羊梭菌病多联干粉灭活疫苗	羊快疫、羊猝狙、羊肠毒血症、羔羊痢疾	后躯肌内或皮下注射	1mL	6~12个月	必须
		每年7月	传染性胸膜肺炎氢氧化铝苗	传染性胸膜肺炎	皮下或肌内注射	5mL	12个月	必须

二、常用疫苗的接种方法

1.肌内注射

适用于接种弱毒苗或灭活疫苗，注射部位在臀部或颈部两侧。进针后略回吸，确定无血液回流即可注射。

2.皮下注射

适用于接种弱毒苗或灭活疫苗，注射部位在股内侧或肘后。用大拇指和食指捏住皮肤，将针头刺入皮下注射即可。为确保针头插入皮下，进针后摆动针头，如感针头摆动自如，推压注射器的推管，无阻力感，则表示位置正确。如插入皮内，摆动针头带动皮肤，且注射时可感到有阻力。

3.皮内注射

羊痘弱毒疫苗等少数几种疫苗要求进行皮下注射。以左手拇指和食指将皮肤绷紧，针头以与皮肤几乎平行的方向慢慢刺入，并缓缓推入药液，如注射处有一豌豆大小的小泡，即表示注射成功。尾根皮内注射，应将尾翻转。

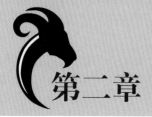

第二章

普 通 病

第一节 羔羊消化不良

消化不良是羔羊的一种常见疾病，通常1月龄以内羔羊容易发生。主要是因为羔羊消化功能不太健全，胃肠机能紊乱导致消化代谢障碍，表现为机体消瘦和不同程度的腹泻。

一、病因分析

1.母羊饲养不良

妊娠后期母羊饲喂含有较少营养物质的饲料，导致机体的营养代谢过程发生紊乱，从而影响胎儿的正常发育，使羔羊出生后容易发生消化不良。

哺乳母羊饲喂缺乏营养的饲料，导致母乳中营养含量过少，无法满足羔羊营养，从而导致羔羊抵抗力减弱。如母乳中缺乏维生素A，会导致羔羊消化道黏膜上皮发生角化；缺乏B族维生素时，会影响羔羊胃肠蠕动；缺乏维生素C时，会导致羔羊胃肠分泌机能降低。

母羊发生乳房炎或者其他慢性疾病时，羔羊吮食其乳汁后，非常容易发生消化不良。

2.羔羊管理不当

圈舍卫生差，过于潮湿；饲养密度较大；气候变化时没有采取有效保护措施。

在发生单纯性消化不良后没有及时采取有效治疗措施，胃肠内容物发酵、腐败分解的有毒产物被吸收，或在微生物及其毒素的作用下，导致羔羊发生中毒性消化不良。

羔羊人工哺乳时，没有采取定量、定时的原则，乳温过低或过高，代乳品配制不合理，以及哺乳期没有进行适当补饲，都能够引起发病。

二、临床症状

1.急性消化不良

病初，患病羔羊精神萎靡，食欲不振或废绝，并伴有渴欲增强而大量饮水；接着发生腹泻，经常排出粥样稀粪，呈胆绿色或者暗黄色，并散发酸臭味，排尿量减少、尿液发黄，机体明显消瘦，个别羊会出现低热症状。

2.慢性消化不良

病初，患病羔羊精神沉郁，食欲不振或时好时坏，出现舌苔、口臭、低头拱背，并发生异嗜；接着便秘与腹泻交替发生，排出干稀不定的粪便。

若发生严重腹泻，往往会伴有腹痛以及轻度发热的症状；机体逐渐消瘦，被毛蓬松杂乱且失去光泽，可视黏膜呈苍白色或者稍显黄色。

若没有及时进行治疗，会导致症状加重，从而继发引起胃肠炎，排出似面糊样的稀粪便，并散发恶臭味，还会表现出体温明显升高，可达40.5～41℃，严重脱水，呼吸加速，四肢瘫软，卧地不起，甚至昏迷不醒等，最终因严重衰竭而死亡。

三、防治措施

1.预防措施

保证母羊怀孕后期和哺乳期的营养。让羔羊尽早吃上初乳、吃足初乳。搞好圈舍卫生，注意保暖，避免羔羊受凉。人工哺乳时，应定时定量，合理饲养。

必要时，可用药物抑菌消炎，抑制胃肠内容物发酵和腐败，防止酸中毒；补充水分和电解质，饲喂青干草和胡萝卜。

2.治疗方法

将病羔羊置于温暖、干燥、清洁处，禁食8～10h后饮服电解质溶液；用油类或盐类缓泻剂排除羔羊胃肠容积物，如灌服液状石蜡30～50mL。

为促进消化，可一次灌服人工胃液（胃蛋白酶10g、稀盐酸5mL，加水1 000mL混匀）10～30mL，或用胃蛋白酶、胰酶、淀粉酶各0.5g，加水1次灌服，每天1次，连用数天。

为防止肠道继发感染，抑制肠内容物腐败发酵，可选用抗生素进行治疗。例如，按每千克体重计算，链霉素20万U，新霉素25万U，卡那霉素50mg，任选其中一种灌服；每天2次，连用3d。

为防止羔羊脱水，羔羊病初时可饮用复方盐水或糖盐水；脱水严重的羔羊可用5%葡萄糖生理盐水500mL、5%碳酸氢钠50mL、10%樟脑磺酸钠3mL，混合静脉注射。

第二节 羔羊软瘫综合征

一、病因分析

新生羔羊消化机能不健全，哺乳后易出现消化不良，也就是通常说的"积食"。乳汁中含有很多乳糖，消化功能正常时可被羔羊吸收利用；消化不良时，尤其是受到低温或高温的影响，消化道的乳酸菌可发酵分解乳糖并产乳酸，导致羔羊酸中毒且糖的吸收降低，从而发生低血糖。乳酸对反刍动物的危害很大。造成羔羊软瘫综合征的主要原因就是酸中毒和低血糖。低血糖表现为四肢无力；酸中毒可造成机体组织器官功能低下，易继发细菌感染，进一步危害羔羊。

二、临床症状

该病多发于山羊羔，绵羊羔相对较少，冬、春季舍饲山羊羔发病率比较高。羔羊出生之后，精神与哺乳正常。5～7d后发病较多，绝大部分突然发病，走路摇晃，站立不稳似醉酒状（图2-2-1），吃奶时可能向前跌倒，最后瘫软不能站立（图2-2-2）。

图2-2-1 羔羊走路摇晃，站立不稳

图2-2-2 羔羊瘫软不能站立

三、防治措施

1. 预防
合理控制温度，减少消化不良。健胃消食。

2. 治疗
可通过注射维生素B_{12}进行健胃消食；选用生姜红糖水灌服暖胃；碳酸氢钠片2片用温水化开后灌服；选择敏感抗生素预防继发感染。

第三节　肉羊缺钙

肉羊缺钙时常发生并影响养殖的效益。及时发现羔羊是否缺钙，及时补钙，对提高肉羊生产性能很重要。

一、病因分析

主要是因为饲喂低钙饲料或饲料中钙、磷比例不当，调节钙、磷代谢的相关激素紊乱，引起消化道吸收的钙减少或代谢异常，导致血钙浓度降低。

肉羊缺钙多发生在冬末春初。由于饲料中的维生素D含量不足；或羊舍采光不好，不能及时地接受阳光，导致哺乳羔羊体内维生素D较少。

怀孕母羊饲料中钙、磷比例不当也会导致羔羊缺钙。另外，羊舍潮湿阴暗或者羔羊经常性营养不佳都会导致羔羊因为缺钙而引发其他疾病。

二、临床症状

舍饲羊和妊娠末期营养不良母羊所产的羔羊易出现缺钙较多。羔羊缺钙主要表现为生长发育缓慢，异食，腿无力、喜卧；站立时很费力，有的还出现跛行，走路摇晃不稳（图2-3-1）；随着病程的发展，四肢肿大，腿变形弯曲。行走时会出现呼吸困难，心跳加速的症状。

图2-3-1 病羊四肢无力，走路摇摆

三、防治措施

1.加强饲养管理

繁殖母羊的羊舍要保持一定的光照，温度、湿度都要适宜，羊群保持适量的活动，饲料尽可能补充精料，根据每只羊的体质补充营养。

2.科学补钙

注意尽量补充一些含有钙、磷的饲料。多数植物性饲料都缺钙，而豆科牧草的钙含量很高。因此，在饲喂时，可适当增加豆科植物，保证羔羊获取足量的钙。

3.积极治疗

羔羊补钙也可选择积极治疗，在母羊的饲料中添加维丁钙片，每只母羊每天直接饲喂6片左右，连用1周效果较好。

母羊无奶或缺奶时，可采用补饲的方法确保羔羊成活。可用鲜鸡蛋、鱼肝油、食盐加入开水一起搅拌均匀饲喂羔羊。母羊少奶时，可用挤下的少量羊奶与上述物品混合饲喂羔羊，效果更好。其具体方法是鲜鸡蛋1个、鱼肝油4mL、食盐2g、开水100mL，将鲜鸡蛋、鱼肝油、食盐放入一个容器内，冲入开水搅拌均匀，待凉至38～40℃时即可喂给羔羊。出生后7d内的羔羊，每天应补饲4～6次，每次50mL，或日喂量为初生体重的1/5～1/4，以后逐日增加，到出生后第8天，喂量可增加到0.8～1.0kg。随着羔羊不断长大，15d左右开始训练吃草吃料，并可逐渐减去鱼肝油。1个月后逐步减少喂量，增加补饲草料即可。

第四节 羊维生素A缺乏症

该病是由于维生素A或其前体胡萝卜素不足或缺乏所引起的一种营养代谢障碍性疾病。以生长发育不良、视觉障碍和器官黏膜损害为特征，又名"夜盲症"。主要发生于长期舍饲的羊群或青绿饲料不足的季节。

一、维生素A的性质及其作用

维生素A又称视黄醇或抗干眼病因子，包括动物性食物来源的维生素A_1、A_2两种（图2-4-1、图2-4-2）。维生素A_1多存于哺乳动物及咸水鱼的肝脏中，维生素A_2常存于淡水鱼的肝脏中。植物来源的β-胡萝卜素及其他胡萝卜素可在动物体内合成维生素A。因为维生素A_2的活性比较低，所以通常所说的维生素A是指维生素A_1。

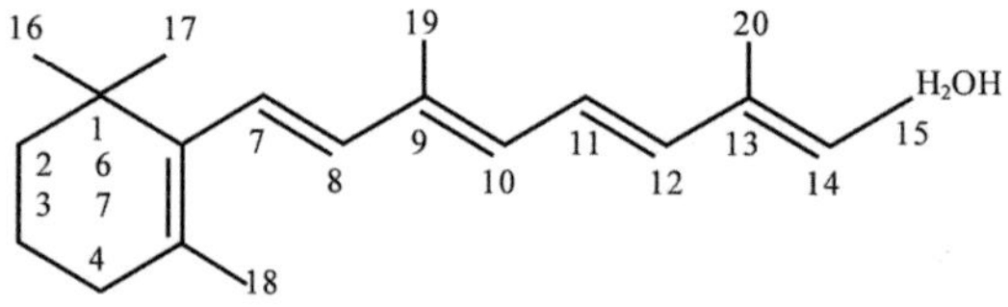

图2-4-1　维生素A₁

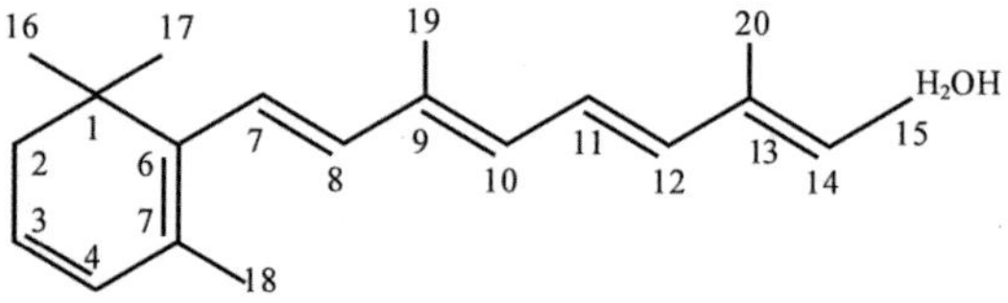

图2-4-2　维生素A₂

1.维持正常视觉功能

眼对光的感受是由眼视网膜的视杆细胞和视锥细胞完成的，这两种细胞都存在有感光色素，维生素A是感光色素合成的重要原料。若维生素A充足，则视紫红质的再生快而完全，故暗适应恢复时间短；若维生素A不足，则视紫红质再生慢而不完全，故暗适应恢复时间延长，严重时可产生夜盲症。

2.维护上皮组织细胞的健康和促进抗体的合成

维生素A可参与糖蛋白的合成，这对上皮的正常形成、发育与维持十分重要。当维生素A不足或缺乏时，可导致糖蛋白合成中间体的异常，引起上皮基底层增生变厚，细胞分裂加快、张力原纤维合成增多，表层细胞变扁、不规则、干燥等变化。鼻、咽、喉和其他呼吸道、胃肠和泌尿生殖系内膜角质化，削弱了抵抗细菌侵袭的天然屏障而导致羊易于感染病原微生物。但过量摄入维生素A，对上皮感染的抵抗力并不随剂量加大而增强。

抗体是一种糖蛋白，维生素A能促进该蛋白的合成，对于机体免疫功能有重要影响。缺乏时，机体的免疫功能呈现下降趋势。

3.维持骨骼正常生长发育

维生素A可促进蛋白质的生物合成和骨细胞的分化。当其缺乏时，成骨细胞与破骨细胞间平衡被破坏，或由于成骨活动增强而使骨质过度增殖。

4.促进生长与生殖

维生素A有助于细胞增殖与生长。肉羊缺乏维生素A时，明显出现生长停滞，可能与肉羊食欲降低及蛋白利用率下降有关。

维生素A缺乏时，还影响公羊精索上皮细胞产生精母细胞、母羊阴道上皮细胞周期变化，也影响胎盘上皮细胞，使胚胎形成受阻。还引起诸如催化黄体酮前体形成所需要的酶的活性降低，使肾上腺、生殖腺及胎盘中类固醇的产生减少，可能是影响生殖功能的原因。妊娠羊如果缺乏维生素A，会直接影响胎儿发育，甚至发生死胎。

5.抑制肿瘤生长

维生素A酸（视黄酸）类物质有延缓或阻止癌前病变，防止化学致癌剂的作用，特别是对于上皮组织肿瘤。β-胡萝卜素是机体一种有效的捕获活性氧的抗氧化剂，对于防止脂质过氧化，预防肿瘤有重要作用。

二、维生素A缺乏症的病因分析

羊的饲料中缺乏胡萝卜素或维生素A；饲料调制加工不当，使其中的脂肪酸败变质，加速饲料中维生素A类物质的氧化分解，导致维生素A缺乏。

当羊处于蛋白质缺乏的状态下，便不能合成足够的视黄醛结合蛋白质运送维生素A。

脂肪不足也会影响维生素A类物质在肠中的溶解和吸收。当蛋白质和脂肪不足时，即使在维生素A足够的情况下，也会发生维生素A缺乏症。

此外，慢性肠道疾病和肝病最易继发维生素A缺乏症。胃内微生物繁殖不平衡也会引起维生素A的合成和吸收受到严重破坏。

三、维生素A缺乏症的临床症状

肉羊最早出现的症状是夜盲症，常发现在早晨、傍晚或光线朦胧时，病羊小心谨慎，行动迟缓，或盲目前进，碰撞障碍物（图2-4-3）。

继而骨骼异常，致使脑脊髓受压和变形，上皮细胞萎缩，常继发唾液腺炎、肾炎、尿石症等。

后期症状尤为突出，角膜增厚和形成云雾状，可导致失明。羔羊皮肤呈麸皮样痂块。

图2-4-3　病羊小心谨慎，行动迟缓

四、临床诊断要点

适龄母羊出现屡配不孕，长期空怀。怀孕母羊产出弱羔和瞎眼或眼部畸形、四肢发育不良、行走困难等运动障碍的羔羊（瞎瘫病）。

羔羊（尤其是2～3月龄）小心谨慎，行动迟缓，走路东倒西歪，甚至出现阵发性抽搐。

五、防治措施

1.预防

加强饲料管理，防止饲料发热、发霉和氧化，以保证维生素A不被破坏。

饲料中加入青贮饲料或胡萝卜，长期饲喂枯黄干草时应适当加入鱼肝油。

2.治疗

给病羔羊口服鱼肝油，每次20～30mL；肌内注射维生素A-D注射液，每次1mL，每天1次，连用3d；在日粮中加入青绿饲料及鱼肝油。

第五节　羊硒缺乏症

羔羊缺硒病主要是由于羊场饲料单一，加之青饲料供给不足，使羊缺乏微量元素和矿物质而造成的。在缺硒地区，羔羊常发生缺硒病，病程多为急性或亚急性。

一、硒在家畜繁殖中的作用

硒存在于公羊精子顶体的蛋白中，而该蛋白是构成精子细胞的重要成分，在细胞中具有构架作用。缺硒会造成精子活力明显降低，从而使其繁殖力受到影响。另外，精液中所含的硒具有保护精子原生质膜的作用，避免其发生氧化损害，从而使精子活力良好。

对于母羊，适量补硒能够预防发生流产、胚胎死亡以及不孕症，并能够提高繁殖力。但如果饲喂低硒日粮，会抑制腺垂体分泌黄体生成素，或通过影响下丘脑的促性腺激素释放激素而间接抑制黄体生成素的产生，从而影响卵巢的排卵。

二、病因分析

1.饲料变质不利于营养吸收

饲料在高温、高湿以及污染等情况下易发生变质，超过一定时间就会导致其中的维生素E及其他维生素作用减弱或完全失效，在很大程度上影响机体吸收利用硒等必需矿物微量元素，从而引起发病。

2.妊娠母羊饲料营养不合理

母羊的饲草料内含硒低于1%时，容易引起缺硒综合征。另外，母羊饲料中长时间含有较少硒或缺乏硒、维生素E，再加上各种营养物质配比不当，都会直接导致妊娠母羊分娩后所产乳汁中硒缺乏，这对成年母羊产生的影响相对较小，但对所产新生羔羊具有极大影响。

3.地区土壤缺硒

有些地区土壤中所含的硒量在正常水平以下，导致种植的饲草、植物中也含有较少的硒。土壤中含有大量硫时，其可与硒争夺吸收部位，导致饲草或者植物吸收较少的硒。

动物体内多种元素都有颉颃、减弱硒的生物学作用。

以上因素均能够诱发硒缺乏症。

三、临床症状

病羊食欲减退，机体逐渐消瘦。羔羊排出稀便。妊娠母羊被毛粗糙、失去光泽，后躯无力，站立时摇晃，往往离群或卧地不起，心跳加速，达到每分钟120～130次；发生流产后会出现瘫痪，部分发生死亡；如果羔羊能够产出，多无法站立，后肢麻痹。

四、剖检变化

病死母羊皮下组织发生水肿，骨骼肌色泽变淡、浑浊、失去光泽；羔羊骨骼肌表面存在灰黄色的条纹斑。母羊心脏横径增宽，明显扩张，心肌质地脆弱，心包液增多；羔羊心肌表面存在灰白色条纹，心内膜和乳头肌上发生灰白色斑状坏死，横断面出现红、灰黄色相间条纹。流产母羊的胎盘绒毛膜发生水肿。

五、防治措施

1.直接补硒

病羔羊肌内注射0.1%亚硒酸钠维生素E注射液2mL，隔1天再用1次。

初生羔羊肌内注射0.1%亚硒酸钠维生素E注射液1mL。

母羊肌内注射0.1%亚硒酸钠维生素E注射液3mL。

羊群补硒最好是使用盐砖，自由舔食。

2. 土壤追肥

对于缺硒地区，通过在草场追加使用含硒肥料，促使牧草中的硒含量提高。该法具有较长的有效期，能够长达一年，且作用范围更广。但该法对羊来说没有直接补硒效果快速，特别是已经出现硒缺乏症时，效果较慢。

该法在很大程度上容易受到气候条件尤其是降水量的影响，且成本也非常高。

3. 防止硒中毒

硒不仅是羊所必需的微量元素，还是一种有毒物质，不能够过多补充。一般来说，羊日粮中每千克干物质中含有量不超过1.2mg，如果达到3～5mg则会导致中毒，且硒过量导致的临床症状非常类似硒缺乏症状。

第六节 羊白肌病

羊白肌病是由于机体病变肌肉颜色变浅甚至呈苍白色而得名。主要是心肌和骨骼肌组织发生变性，剖检发现肌肉苍白等，病羊临床症状是四肢无力，拱背，行走困难。白肌病是硒缺乏症的一种表现。

一、发病机制

维生素E和微量元素硒都是机体必需的物质，主要起到抗过氧化作用，保护细胞能够发挥正常的生理功能。硒主要是经由谷胱甘肽-过氧化物酶（GSH-PX）发挥抗氧化作用，其是该酶的活性中心元素。GSH-PX的主要作用是促使还原型谷胱甘肽在过氧化氢或其他过氧化物的作用下氧化生成具有氧化性的谷胱甘肽，从而将过氧化氢等分解。另外，GSH-PX还能够促使脂肪过氧化物还原生成没有毒性的羟基化合物，既能够防止细胞被过氧化物损害，还能够抑制这些过氧化物的游离基再次发生氧化作用，从而起到保护细胞膜的作用。当动物摄取硒不足时，GSH-PX的活性会明显降低，导致机体在代谢过程中生成大量的内源性过氧化物，破坏细胞和亚细胞结构（如溶酶体、线粒体等）的脂质膜，从而导致细胞发生变性、坏死。

二、临床症状

部分患病羔羊呈急性经过，没有任何明显症状突然发生死亡。大部分病羊体温基本正常或略微下降；呼吸急促，每分钟能够达到80～100次（正常12～30次）。

病羔吮乳量减少，体质消瘦，被毛蓬乱；后躯明显发硬，背腰拱起，站立困难（图2-6-1），部分还伴有关节肿胀，部分病羔后肢能站立，但前肢会跪地爬行。鼻镜干燥，持续腹泻，排出灰白色、黄色粥样粪便，里面混杂泡沫，有时混杂血液。死

图2-6-1 发病羊后躯发硬，站立困难

前肌肉明显震颤，时而角弓反张，时而四肢痉挛；呼吸困难，口吐白沫；心跳加速，心音节律不齐。部分羊在发病初期不表现异常，但受到惊动会出现过度兴奋或剧烈运动，接着快速死亡。

患病成年羊表现出精神不振，采食量减少，频繁磨牙，啃毛，舔土。可视黏膜发生黄染或苍白。部分颌下、颈部发生水肿。部分心率过高，每分钟超过120次，经常出汗，腹泻，尿频尿量增加，有时甚至排出血尿。呼吸加快，膘情下降。病羊症状较轻时，行走过程中后躯摇摆或出现跛行；症状严重时，后肢不停颤抖，驱赶会出现步态紧张不稳的现象。关节无法伸直，并不停地发出痛苦的叫声。母羊患病后繁殖机能降低，影响受胎率，且容易发生流产、死胎以及胎衣不下。

三、剖检变化

四肢主要骨骼肌（即前肢肩胛肌、背阔肌，后肢股四头肌、半膜肌）呈苍白色，横断面存在区域性色淡区，如同石灰样或煮肉样，且在肌束间存在白色小点或者白色条纹。

胸腹水明显增多，肺脏存在较多出血斑点，心外膜存在针尖状大小出血点。心肌某些区域色泽较浅，少数心内膜存在出血点，部分心肌外膜存在灰白色区域，心肌明显变薄。肝脏瘀血、肿大，胆囊肿大1～2倍，含有淡黄色或深绿色的黏稠胆汁，并有条状出血斑。肾脏呈紫红色，略有肿大，质地较软，肾盂发生水肿，表面存在针尖大小的出血点。

四、实验室诊断

采集血液进行生化检验，在无菌条件下对病羊在颈静脉处采集血液，并进行生化检验和硒含量的测定。若发现血清中谷-草转氨酶活性显著升高，含硒量在0.005mg/kg以下，表明机体缺硒严重。

五、防治措施

1. 预防

加强妊娠母羊的饲养管理，饲喂品质优良的豆科类牧草。母羊妊娠3个月到分娩前，可每个月可肌内注射0.2%亚硒酸钠注射液，同时配合肌内注射维生素E。母羊生产后，在干饲料中添加亚硒酸钠-维生素E粉，实际用量可按照使用说明书确定，能够有效防止发生该病。

对于新生羔羊，要加强护理和饲喂。新生羔羊产出后，在3日龄前可肌内注射1.5mL 0.1%亚硒酸钠-维生素E复合注射液，在20日龄之后再次肌内注射1.5mL。

2. 治疗

对全部病羊可每只肌内注射2mL 0.1%亚硒酸钠-维生素E注射液。如果症状严重，可再进行1次注射。治愈率能够达到85%左右。

第七节 羊低镁血症

羊低镁血症是一种对羊群有着很大危害的疾病，如不及时治疗，会导致病羊迅速倒地，痉挛，口吐白沫，昏迷而死亡。本病又称青草抽搐、青草蹒跚、麦类牧草中毒。

一、发病机制

羊群从吃干草和青贮料，突然转变为吃多汁、幼嫩的青草，饲草中有效镁含量不足不能满足其需要。以采食麦类牧草发病率最高，如燕麦、大麦等，生长早期麦苗最危险。

另外，钙与镁吸收部位相同，吸收方面却相互颉颃；钙太多则会导致镁吸收减少。体内的激素水平对镁的吸收利用有明显的影响作用，如甲状旁腺素减少、甲状腺素分泌过多、应激因素等都可导致低镁血症的发生。

二、临床症状

本病一年四季都可发生，但大多在春季发生，气候条件恶劣时可加速发病。以血液中镁离子浓度降低、强直性和阵发性肌肉痉挛、抽搐、呼吸困难和急性死亡为特征。病羊通常突然发生运动不协调，过度兴奋，肌肉搐搦，磨牙，尤其是泌乳母羊的发病更甚，即可初步怀疑为羊低镁血症。

三、防治措施

1. 预防

春季羊群由舍饲转入放牧时，有低镁血症发病史的养羊场户应做好经常性的预防工作，可在羊群的补饲精饲料中按每天每只羊添加8g菱镁矿石粉，或按每天每只羊添加7g氧化镁（相当于4.22g镁）饲喂。

2. 治疗

可用20%硫酸镁溶液按照使用说明书用量，一次性给病羊皮下多点注射，可使病羊的血镁浓度迅速升高。也可用25%硼葡萄糖酸钙和5%次磷酸镁混合液（1：1）80mL，一次性缓慢给病羊静脉注射。

第八节 羊食道阻塞

羊食道阻塞是由于食团、食块或异物突然阻塞食道而导致，主要特征是吞咽障碍。根据阻塞程度，临床上分为不完全阻塞和完全阻塞两种类型。该病通常是由于采食过多块根类饲料，吞咽过急或者突然受到惊吓，导致食管被食物阻塞。病羊主要出现吞咽障碍，无法正常进行嗳气，流涎、摇头。

一、病因分析

1. 原发性食管阻塞

羊在采食块根类饲料时，如萝卜、马铃薯、甘蓝、甘薯、苹果或西瓜皮等，由于采食速度过快而出现发病。或采食玉米棒、花生饼、大块豆饼以及青干草、谷草等后，没有经过充分咀嚼，且快速吞咽或吞咽时受到惊吓，也能够引起发病。或由于饥饿而快速采食、用力吞咽，也会引起发病。另外，由于误咽胎衣、塑料手套、饲料袋、毛巾等异物而出现发病。

2.继发性食管阻塞

通常是由于食道麻痹、扩张和狭窄，或由于中枢神经过于兴奋，引起食管痉挛，从而继发该病。

二、致病作用

羊食道被食物阻塞时，会导致喉部产生大量的唾液用于促进吞咽，直接造成食道发生痉挛性收缩，且随着时间的延长导致收缩强度和频率也不断加重，且朝向贲门延伸。病羊由于受到食道阻塞物的刺激，会导致食道肌肉发生逆蠕动，且经过一段时间之后会发生瘤胃膨气现象，此时就会导致机体胸腹腔压力过大，影响血液循环，且呼吸加速等，加之胃部气体膨胀会导致酸中毒，最终由于窒息而发生死亡。

三、临床症状

病羊突然停止采食，伸颈摇头，惊恐不安，伴有疼痛，有时还会表现出咳嗽、持续做吞咽动作。

如果阻塞物存在于食道上部，病羊会持续有大量泡沫状的白色涎液从口腔流出，并附着在下唇端。不断垂涎，此时就会导致鼻腔内有涎液流出的现象。

图2-8-1　病羊做吞咽动作，口鼻流黏液

如果阻塞物存在于颈中下部，病羊会间歇性出现伸直头颈，且左颈沟出现逆蠕动波，接着有大量的清亮水样黏液从口鼻流出，这是羊发生颈中下部食道阻塞典型的临床症状（图2-8-1）。

随着症状的加重，病羊肋部会明显隆起，呼吸急促，脉搏加速，结膜发绀，直到呼吸困难，最终运动失调，无法稳定站立，并倒地死亡。

四、治疗措施

（1）复方氯丙嗪注射液400mg，一次肌内注射。液状石蜡300mL胃管灌入。

（2）2%利多卡因、30mL液状石蜡200mL，经胃管投入阻塞部位，10～15min后用探子推送阻塞物。

上述方法如不奏效，可手术取出。

第九节　羊瘤胃积食

羊瘤胃积食是瘤胃充满多量食物，使正常胃的容积增大，胃壁急性扩张，食糜滞留在瘤胃引起的严重消化不良的疾病。

一、病因分析

通常是由于羊过于饥饿而一次性采食过多较难消化的精饲料，如玉米、豆类、小麦等，会导致其在瘤胃内积存而无法进一步消化，容易发生该病。突然更换其他饲料，如从饲喂主要成分为草料的日粮换成主要成分为精料的日粮，由于羊贪食而引起瘤胃积食。羊经过长距离运输，会影响其消化活动，导致饲料无法充分反刍消化，也能够引起瘤胃积食。

二、临床症状

羊一般在采食大量饲料后的24h左右开始表现出症状，有时也会在采食大量谷物饲料后的12h左右就表现出症状。

发病初期，病羊食欲不振或废绝，嗳气、反刍减少或停止，拱背呈现排尿或排粪姿势，经常用后肢踢腹，且伴有磨牙、呻吟、摇尾、向右倒卧、起卧不安等症状（图2-9-1），但体温基本正常。听诊可发现瘤胃蠕动音减弱或者消失。外观可见左腹中下部腹围明显增大（图2-9-2），通过触诊发现瘤胃内容物的坚实程度如面团样，且产生疼痛感，呼吸急促，心跳加快，有黏状分泌物从鼻孔流出，鼻镜变得干枯。

图2-9-1　病羊腹围增大，嗳气、反刍减少，磨牙、呻吟，向右倒卧　　图2-9-2　病羊腹围增大，尿量减少，眼球下陷，四肢无力，倒卧

发病后期，病羊表现出脱水，排尿量减少或者停止，皮肤弹性变差，眼球下陷，血液浓稠，四肢无力、摇晃，运动失调。症状严重的病羊，会处于中枢神经抑制状态，出现嗜睡、昏迷，最终由于严重衰竭而发生死亡。

三、治疗措施

1.饥饿疗法

病羊先进行1～3d的禁食。在病羊食欲、反刍有所恢复后，可饲喂少量的大葱叶和苦菜，每天1～2次。每天用拳头对前胃进行几次按摩，每次持续10min；进行2～3次驱赶运动，每次持续20～30min。

2.药物疗法

病羊可内服适量的泻剂及制酵剂，常灌服由3g鱼石脂、50～60g硫酸钠、30～50mL

95%酒精以及适量水组成的混合液；也可服用瘤胃兴奋剂，加速排泄，常静脉注射由250～300mL 5%葡萄糖注射液、20～40mL 5%氯化钙注射液、20～40mL 10%氯化钠注射液组成的混合液，同时配合皮下注射2～4mL硫酸新斯的明注射液（其中含有2～4mg有效成分）。

为缓解脱水和酸中毒，病羊可静脉注射由500～1 000mL 5%葡萄糖生理盐水、6～8mL 5%维生素C、4～6mL 10%安钠咖组成的混合液，每天2次；也可静脉注射50～80mL 5%碳酸氢钠或口服15～25g碳酸氢钠。如病羊心脏衰弱，每只可肌内注射或者静脉注射4mL 10%樟脑磺酸钠；如果血液循环系统和呼吸系统衰竭，每只可肌内注射2mL尼可刹米注射液。

3. 洗胃疗法

病羊呈站立姿势保定，并对头部进行固定，接着使用开口器将口腔打开，向瘤胃内伸入胃导管，然后注入适量温度适宜的0.5%～1%食盐水来稀释瘤胃内容物，之后通过虹吸作用导出稀释后的内容物。进行几次洗胃，直到导出液体清澈时停止，既能够排出瘤胃有害内容物，还能够缓解酸中毒。

4. 手术治疗

如果病羊症状严重，采取药物或者洗胃疗效较差时，要尽快采取瘤胃切开术。按照常规手术操作将瘤胃切开，接着将瘤胃内容物取出，并使用温水进行几次冲洗，然后再注入适量健康羊的瘤胃液或者反刍食团，以恢复瘤胃内微生物的正常区系。最后采取常规闭合。

为避免术后感染，病羊可肌内注射40万IU青霉素，每天2次，连续使用5d。病羊术后无需限制采食，但每天只能够饲喂少量容易消化的饲料。如果病羊无法采食，可静脉注射适量的5%葡萄糖生理盐水，每天2～3次。

第十节　羊瘤胃臌气

羊瘤胃臌气是由于有大量气体积聚在瘤胃内，导致瘤胃体积增大、胃壁明显扩张，并伴有嗳气和反刍障碍。通常是由于采食过多容易发酵的饲料，或食入品质较差的青贮料，变质、腐败的饲草，以及采食过多带雨水霜露的牧草，引起发病。

一、病因分析

1. 原发性因素

主要是饲喂过多容易发酵的饲料，其中蝶形花科植物具有最大的危害；采食大量的豆科植物，如三叶草、苜蓿等，特别是开花前饲喂，采食品质较差的青贮料，变质、腐败的饲草，以及带雨水霜露的牧草等，都会在体内快速发酵，导致瘤胃内积聚过多气体，从而引起发病。另外，突然更换饲料或者改变饲喂制度，也会引起发病。羊运动后没有经过适当休息就大量饮水、采食，或者脾胃虚弱、患有其他胃肠疾病，往往也会引发该病。

2. 继发性因素

羊患有某些疾病后可继发出现该病的临床症状，通常是由于食管阻塞、麻痹或者痉挛、慢性腹膜炎、创伤性网胃炎、网胃与膈肌发生粘连、瘤胃与腹膜发生粘连等继发引起。

二、临床症状

病羊腹围快速膨大，肋部明显凸出，左侧更明显（图2-10-1）；症状严重时甚至会比背部中线高（图2-10-2）。嗳气、反刍都停止，发出吭声。伴有腹痛不安，频繁回头望腹，精神萎靡，停止采食。

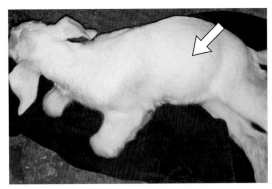 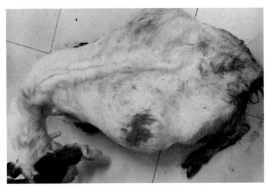

图2-10-1　羔羊腹围膨大，肋部凸出　　图2-10-2　成年羊腹围膨大，肋部凸出，比背部中线高

对左肋部触诊感到具有弹性，叩诊发出鼓音。瘤胃初期加强蠕动，伴有金属音，后期蠕动缓慢或完全停止。呼吸加快，往往张口呼吸，呼吸频率能够达到每分钟60～80次，导致心悸。

病程后期病羊目光惊恐，循环障碍和心力衰竭，颈静脉怒张，皮肤黏膜、结膜发绀，但体温基本正常。症状严重时，表现出伸舌吼叫，张口流涎，站立不稳，走动摇晃，最终倒地不起，由于窒息、心脏停搏而发生死亡。

病羊患有继发性瘤胃臌气时，采取对症治疗，能够暂时减轻症状；但原发病没有痊愈，很快又会复发出现瘤胃臌气，从而往往呈现间歇性臌气。

三、防治措施

1. 轻度气胀

可喂食盐25g左右，或灌植物油100mL左右。也可以用酒、醋各50mL，加温水适量灌服。

2. 剧烈气胀

将羊的前腿提起，放在高处，给口内放以树枝或木棒，使口张开，同时有规律地按压左胁腹部，以排除胃内气体。来苏儿2～5mL加水200～300mL一次灌服；或植物油（或液状石蜡）100mL一次灌服。从口中插入橡皮管，放出气体，同时由此管灌入油类60～90mL。

3. 病势非常严重

应迅速施行瘤胃穿刺放气。

4. 加强护理

在气体消除以后，应减少饲料喂量，只给少量清洁的干草，3d之内不要给青绿饲料。必要时可使用健胃剂及瘤胃兴奋药。

第十一节　羊腐蹄病

腐蹄病是舍饲羊的一种常见疾病，也称为蹄间腐烂或趾间腐烂，潮湿季节多发。该病主要由细菌侵入羊蹄缝内，造成蹄质变软、腐烂并流出脓性分泌物。其特征是局部组织发炎、坏死。因为本病常侵害蹄部，故称"腐蹄病"。

一、病原

坏死梭菌是最常见的病原，其次是羊肢腐蚀螺旋体。常见的继发性细菌主要有化脓棒状杆菌、葡萄球菌、链球菌及大肠杆菌等。

二、传染

本病常发生于潮湿的圈舍，多见于阴雨季节。潮湿的圈舍是该病发生的重要诱发因素，因为湿度易使蹄壳角质软化。另外，拥挤、践踏都易使蹄部受到损伤，便于细菌的侵入。

三、临床症状

患病羊食欲降低，精神不振，喜卧，跛行。如果两前肢患病，病羊往往爬行；后肢患病时，常见病肢伸到腹下。初期趾间皮肤充血、发炎、轻微肿胀，触诊病蹄敏感。病蹄有分泌物和坏死组织，蹄底部有小孔或大洞。用刀切削扩创，蹄底的小孔或大洞中有污黑臭水流出。蹄壳腐烂变形，趾间也常能找到溃疡面（图2-11-1）。随着疾病的发展，跛行变为严重。更严重的病例，引起蹄部深层组织坏死，蹄匣脱落，病羊常跪下采食。

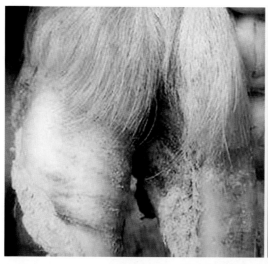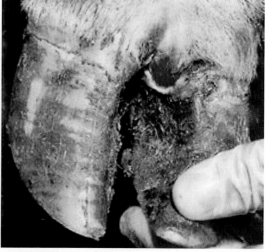

图2-11-1　病羊蹄间炎症（左），严重病例出现腐烂（右）

该病病程缓慢，多数病羊跛行达数十天甚至数月。由于影响采食，病羊逐渐消瘦。如不及时治疗，可能因为继发感染而造成死亡。

四、诊断

根据临床症状可做出初步诊断。要进行确诊，可由坏死组织与健康组织交界处用消毒小匙刮取材料（图2-11-2），制成涂片，染色后镜检可见革兰氏阳性粗大杆菌（图2-11-3）。

图2-11-2　病料采集

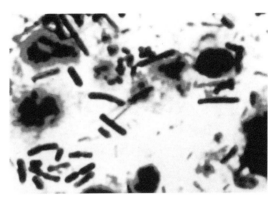
图2-11-3　显微镜下的病原菌

五、防治措施

1.预防

消除促进发病的各种因素：合理选择舍床建设材料，避免用尖硬多荆棘的材料；注意圈舍不可过度潮湿，羊群不可过度拥挤。

发现本病时，及时进行全群检查，对圈舍清扫消毒。对健康羊全部用30%硫酸铜或10%福尔马林进行预防性浴蹄；病羊及时隔离治疗。

2.治疗

除去患部坏死组织，至出现干净创面时，用3%来苏儿或双氧水冲洗，再用10%硫酸铜或6%甲醛水溶液进行浴蹄。用浸透2%的甲醛酒精液纱布塞入蹄叉腐烂处，用药用纱布包扎24h后解除包扎。

对于严重的病羊，如有继发性感染时，在局部用药的同时，应全身用磺胺类药物或抗生素，其中以注射磺胺嘧啶或土霉素效果最好。

第十二节　羊尿结石

尿结石在舍饲羊较为常见，给舍饲养羊业造成了一定的损失。

一、病因分析

1.饲料原料问题

饲料配制时选择使用没有经过硫酸亚铁脱棉酚处理的棉籽壳或棉粕作为原料，羊采食含有棉酚的有毒物质会发生慢性中毒，导致肾脏发生损伤，发生炎症反应。炎症过程中会产生某些有机物，破坏尿中胶体和晶体之间的平衡状态，并以沉积的不稳定胶体、细菌及其形成的脓块、坏死组织作为结石核心，从而逐渐形成结石。

2. 饲料营养不合理

日粮中钙、磷比例不当是引起羊发病的主要原因。例如，羊长时间饲喂高热量、高蛋白、高磷的精饲料，尤其是麸皮、高粱、谷类等，含有较多的磷，而含有较少的钙，非常容易导致钙、磷比例失调，从而引起尿结石。

另外，饲料中缺乏维生素，如维生素A不足会导致膀胱上皮细胞发生脱落，从而使羊更容易发生尿结石。

3. 饮水不当

饮水中含有高水平矿物质，如含有较多的镁盐类，会形成结石而引起发病。同时，羊群饮水不足，会导致尿液浓缩，造成结晶浓度过高而引起结石。

4. 细菌感染

尿路系统和肾脏感染，可导致尿中积聚较多的炎性产物，从而作为结石的核心逐渐在尿液中形成结石。

某些细菌感染能够生成脲酶，促使尿素分解生成二氧化碳和氨，导致尿液呈碱性。在碱性环境下，钙和磷酸根能够生成磷灰石，然后又与碳酸根结合形成碳酸磷灰石。如果尿液中含有的碳酸磷灰石和磷酸铵镁达到过饱和状态，就会有晶体析出，这些晶体能够黏附在尿路上皮上，从而引起尿结石。

二、临床症状

若尿结石的体积细小且数量少，一般不显任何症状。结石体积较大时（图2-12-1），呈明显临床症状。主要症状是排尿障碍、腹痛和血尿。随尿石存在部位及对相应器官损害程度不同，临床症状也不一致。

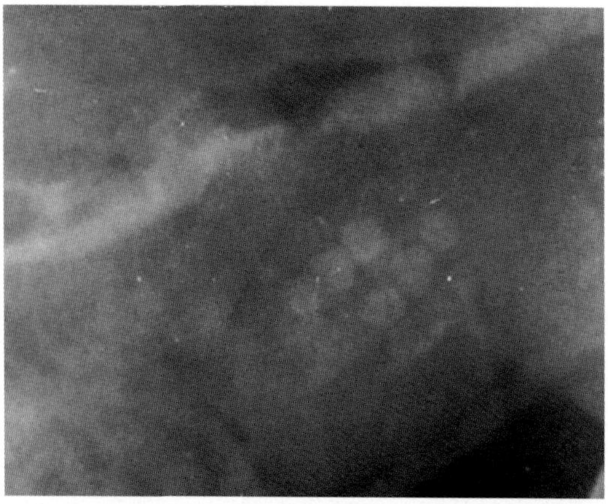

图2-12-1　膀胱X线片中发现结石

肾盂结石，呈肾盂肾炎症状，并有血尿现象。严重时肾盂积水，肾区疼痛，运动拘谨，步态紧张。

输尿管结石，病羊表现强烈的疼痛不安。单侧输尿管阻塞，无尿闭现象，直肠触诊近肾端输尿管张紧且膨胀，远端柔软。

膀胱腔结石有时无任何症状，多数病羊表现频尿或少尿，膀胱敏感性增高。膀胱颈部结石疼痛明显，排尿障碍，病羊频频做排尿姿势，尿量较少或无尿排出。

尿道结石病羊排尿痛苦，尿液呈滴状。如完全阻塞，尿闭或肾性腹痛。尿道外触诊有疼痛感，直肠触诊膀胱膨大。按压不能使尿排出，长期尿闭，易引起尿毒症或膀胱破裂。

三、防治措施

1. 加强饲养管理

调节日粮中钙、磷比例，保持在2：1，并添加维生素A。对于育肥羊，严格控制精料的饲喂量，适宜控制在小于日粮的20%或小于体重的1%，且精饲料不能长时间以高能量、高蛋白、高磷的饲料以及颗粒饲料、块根类为主，尽量增加一些含有高水平维生素A的饲料和青绿多汁饲料。饲喂后期，当精料饲喂量超过800g时，不能够再继续添加含有大量磷的饲料，如骨粉或者磷酸氢钙等。

2. 药物治疗

对于及时发现且症状较轻的病羊，可供给大量饮水，同时投服适量的利尿及抗生素类药物，如乌洛托品、链霉素、青霉素等。该治疗方法简单，但只适用于症状较轻的病羊。

3. 手术治疗

如病羊使用药物治疗没有明显效果或尿道完全阻塞，需要采取手术治疗。术前要控制饮水，如膀胱发生膨大要进行穿刺排尿，同时肌内注射3～6mg阿托品使尿道松弛，缓解疼痛。接着在形成结石的位置进行手术，将尿道切开后取出结石。取出结石后，膀胱及尿道要使用生理盐水进行彻底冲洗，并对膀胱颈部黏膜使用手指进行探查，防止残留有结石颗粒。另外，术后可口服或静脉注射适量的维生素C，酸化尿液，预防复发。

第十三节 羊异食癖

羊异食癖是指特别喜欢吃不正常的非食用品。其特征是喜欢相互啃毛，舔食墙土，吞食骨块、土块、瓦砾、木片、粪便、破布、塑料袋和塑料薄膜等异物。

一、病因分析

1. 营养因素

羊采食营养水平较低且不容易消化的牧草，机体摄取蛋白质、微量元素及维生素不足，会导致代谢紊乱和消化功能障碍，造成味觉出现异常，从而引起异食癖。

如果饲料中含有较低水平的蛋白质或缺乏某些必需氨基酸时，部分羊会出现啃毛（图2-13-1）、食粪和喝尿的异食现象。

如果羊缺乏常量矿物质元素，如钠、钾、钙、磷、硫，或供给较少的微量元素，如铁、钴、锌等，特别是缺乏钠盐，或彼此间的比例不合理等，往往会出现异食现象。

羔羊发生异食癖，主要是由于母羊在妊娠后期饲喂营养不全或营养水平较低的饲草，或是母羊产后饲养管理不当，泌乳较少，再加上没有及时人工哺乳，或只补喂了单

图2-13-1 羊群发生的啃毛现象

一饲草。

2.疾病因素

多种慢性疾病都可能引起异食现象，如羊患有慢性消化不良、软骨症、缺乏某些微量元素时，都会出现异食。

部分羊由于患有寄生虫病，如囊虫病、蛔虫病、羔羊球虫病等，也能够诱发异食。

3.其他因素

羊在未采食饲料时，有时候由于无聊而四处啃咬，长时间之后就可能形成异食癖。另外，如果羊舍面积过小、饲养密度过大以及光照、通风较差等，也可能出现异食现象。

二、临床症状

病羊采食量减少，往往采食一些没有任何营养价值的杂物，如垫草、粪末、破布、塑料布、绳头、产后胎衣，啃咬圈舍围栏、食槽、水槽、墙土，饮用污水、尿液等。

机体消化机能障碍，消化不良，体质渐进性消瘦，发生贫血，食欲进一步减退或废绝。症状严重时，会出现便秘，反刍停止，接着交替出现便秘与下痢。

种羊患异食癖后，会导致发情延迟，或没有明显的发情症状；妊娠母羊易发生流产。

如果病羊在反刍时导致食道沟被异物团堵塞，此时若没有及时将其排除，就会导致瘤胃臌气，甚至造成死亡。

三、防治措施

1.改善饲养管理

满足羊生长发育的营养，使能量、蛋白质、矿物质、微量元素及维生素含量适宜。

供给充足的饮水，防止出现缺水现象。对于妊娠母羊和高产母羊，还要注意增大钙质饲料的喂量。

羊群应在固定时间饲喂，并固定喂量。在冬季和春季，不仅要饲喂品质优良的饲料，最好增加一些含维生素丰富的饲料，如麦芽、谷芽等。

确保羊舍干燥、清洁。羊舍内存在的杂物（如塑料、铁钉、木片和绳头等）要定时进行清理，避免羊误食，从而防止不良习惯形成。

羊群要适量运动，并增加光照，从而提高体质。

预防胃肠炎，确保钙、磷吸收正常，也是防止该病发生的重要措施。

2.对症治疗

病羊缺钙时，主要补充钙盐，如磷酸氢钙，同时配合注射适量的维生素D溶液。如果缺乏微量元素，可内服适量的硫酸铜、氯化钴，如缺乏钴时可每次内服3～5mg氯化钴，每天1次；如果缺硒，可肌内注射适量的亚硒酸钠，或添加在饲料中混饲。

如果病羊食入塑料薄膜而导致消化不良，可使用健胃药物进行治疗，刺激瘤胃蠕动，或服用适量的盐类泻剂，促使塑料薄膜以及胃肠道内腐败的有害物质排出。为排除瘤胃内容物，可灌服500～1 000mL液状石蜡或250～500mL植物油1次，或服用由1 000mL温水和150～200g硫酸镁或硫酸钠组成的溶液。为刺激瘤胃蠕动，可肌内注射5～10mL比赛可林（氨甲酰甲胆碱），灌服由500～800mL水和20mL 95%酒精组成的溶液。或皮下注射 5 ~ 10mL 0.05% 新斯的明或 3% 毛果芸香碱，经过 4h 再用药 1 次，促使异物尽快排出。对于症状严重且无法逆转的病羊，及时淘汰。

第十四节　羊妊娠毒血症

羊妊娠毒血症是母羊怀孕后期发生的急性代谢紊乱性疾病。通常在饲料营养不全、饲养条件不良条件下发生。

一、病因分析

妊娠母羊经常饲喂秸秆，精料补充少，导致营养不足，使蛋白质、糖类和脂肪代谢发生紊乱，中间产物酮体增加，引起肝功能受损，排毒、解毒功能下降，导致低血糖症、高酮血症及高皮质醇症。垂体-肾上腺系统平衡紊乱，血液循环中皮质醇水平升高，致使神经细胞丧失对糖的利用率，因此出现神经症状。长期舍饲，缺乏运动的羊易发本病。羊感染细菌或病毒，影响消化吸收，也容易发病。母羊胎盘过早剥离也可引发本病。

二、临床症状

一般随分娩期的临近而症状加剧，但与营养供给情况有关。如果母羊在疾病早期流产或早产，症状可随之缓解。病初精神不振，食欲减退，体温正常，举步不安、步态不稳；逐渐出现食欲废绝，反刍停止，磨牙；粪球干小，排尿频数；眼结膜苍白，后期黄染，视力减退。严重时，脉搏快而弱，呼吸浅表，呼出的气体带酮醋味。反应迟钝，运动失调，步态蹒跚或做转圈运动。唇部肌肉抽搐，颈部肌肉痉挛，头颈频频高举或后仰（图 2-14-1），呈观天姿势或弯向腹肋部。卧地不起，多在 1 ~ 3d 内死亡。死前昏迷，全身痉挛。不死者，常伴有难产，或产下弱羔、死胎的情况。

图 2-14-1　病羊颈部肌肉痉挛，头颈高举后仰

三、剖检变化

尸体消瘦，子宫中常残留死胎或干胎。肝肿大，脂肪变性易碎，呈土黄色或红黄色相间，切面油腻（图 2-14-2）。肾肿大质脆，包膜易剥离，切面外翻，皮质部呈土黄色，布满小红点，髓质部为棕红色，有放射状红色条纹。肾上腺肿大 3 ~ 4 倍，皮质部质脆、土黄色；心脏柔软，色淡；脾脏严重充血、出血；胃肠黏膜有出

图 2-14-2　肝肿大，呈土黄色

血性、坏死性炎症。

四、治疗措施

治疗应以保肝、降血酮、促进代谢、防止酸中毒为主。

采用25%～50%葡萄糖溶液静脉注射100～200mL，每天2次，连用数天；同时，肌内注射地塞米松25mg，每天1次，连用数天；配合应用亚硒酸钠维生素E，可以提高治愈率。

为改善肝脏功能，可肌内注射肌醇1g，每天1～2次。配合维生素 B_1、维生素 B_6、维生素C各20mL等。

静脉缓慢注射5%碳酸氢钠注射液100～200mL，缓解酸中毒，每天1次，结合病羊情况，连用数天。

上述方法无效时，尽早施行剖腹产或人工引产的方式。一旦胎儿排出，症状随即减轻。

第十五节　羊食盐中毒

羊每天需要食盐量为0.5～1.0g。过量喂给食盐会引起中毒，甚至死亡。动物发生食盐中毒或致死并不单纯取决于食盐的食入量，还与饮水是否充足有关。

一、病因分析

日粮中含盐量过高，肉羊每千克体重食盐的中毒量是3～6g；成年肉羊食盐的致死量是125～250g。

是否发生食盐中毒和羊的饮水也有着密切关系。虽然食入大量的食盐，但供给充足的饮水，也不容易引起中毒；如喂给羊含2%食盐的日粮并限制饮水，数天后便发生食盐中毒；而喂给含13%食盐的日粮，让其随意饮水，在很长时间内也不出现食盐中毒的神经症状，只表现有多尿和腹泻。

对长期缺盐饲养的羊突然加喂食盐，特别是喂含盐的饮水，而未加限制时，易发生异常大量采食食盐的情况；维生素E和含硫氨基酸的缺乏，可使羊对食盐的敏感性升高。

二、临床症状

羊中毒后主要表现口渴，食欲或反刍减弱或停止，瘤胃蠕动消失，常伴有臌气。急性发作的病例，口腔流出大量泡沫，结膜发绀，瞳孔散大或失明，脉细弱而增数，呼吸困难，腹痛、腹泻，有时便血。

病初兴奋不安，磨牙，肌肉震颤，盲目行走和转圈运动；继而行走困难，后肢拖地，倒地痉挛，头向后仰，四肢不断划动，多为阵发性。严重时病羊呈昏迷状态，最后窒息死亡，体温在整个过程中无明显变化，时间久者可出现皮下水肿，顽固的消化障碍。

三、剖检变化

胃肠黏膜充血、出血、脱落，心内外膜及心肌有出血点，肝脏肿大、质脆，胆囊肿大，肺水肿，肾紫红色、肿大，包膜不易剥离，皮质和髓质界限模糊，全身淋巴结有不同程度的瘀血、肿胀。

四、诊断

有采食过量食盐的病史，无体温反应，有突出的神经症状等临床表现及剖检变化，可作为该病诊断的参考依据。实验室检查胃肠内容物中氯化钠的含量，如果显著升高，可确诊为食盐中毒。

五、防治措施

1.预防

日粮中补加食盐时要充分混匀，量要适当。

治疗其他疾病选用高渗盐水静脉注射时，应掌握好用量，以防羊发生中毒。

保证饮水充足，在利用含盐的饲料时，必须适当限制用量。

2.治疗

在立即停喂食盐饲料和严格控制饮水的基础上，实施对症疗法。确诊为食盐中毒后，要立即停喂食盐饲料，保证充足清洁饮水，少量多次饮水，加强护理。

可用含5%葡萄糖的生理盐水500～1 000mL静脉滴注；内服蓖麻油150～200mL；重症羊很难救治。

第十六节 羊尿素中毒

饲料中添加适量的尿素能够代替一定量的蛋白质饲料，可在瘤胃内提供氮源用于合成蛋白质，从而减少饲养成本。但如果饲料中尿素使用不合理，就容易引起中毒，导致羊死亡。

一、发病机理

羊瘤胃中的微生物种类繁多、数量丰富，能降解多种纤维和利用尿素等非蛋白氮而合成菌体蛋白供动物利用，因此可将尿素作为添加剂。羊饲喂一定量的尿素，能够使饲料中的"氮"增加，使饲草料中缺少的蛋白质间接得到补充，并节省精料，减少饲养成本。

尿素呈强碱性，过量的尿素会破坏瘤胃的酸性环境，导致胃内容物的pH升高超过8.0，可灼伤胃黏膜。尿素水解后会生成大量的氨气和二氧化碳，并达到微生物群利用限度以上，易造成瘤胃快速膨胀。游离的氨易透过瘤胃壁进入血液，导致血氨水平提高，从而使血液pH升高引发碱中毒。此外，羊吸收大量的氨后，会抑制三羧酸循环，从而导致氧化酶的活性降低，引起缺氧。肝脏中蓄积大量的氨，超过肝脏转化能力的上限，会引发肝、肾中毒。

二、临床症状

羊采食添加有大量尿素的饲料后，一般经过30min会出现发病。初期主要表现出呻吟，神态不安，肌肉震颤，行走不稳；接着会出现角弓反张症状，呼吸困难，有泡沫状液体从口和鼻内流出，体温升高至39.5～40.0℃，脉搏达到每分钟100～120次。后期会表现出皮肤大量出汗，肛门松弛，瞳孔散大，最终由于窒息而发生死亡。

三、剖检变化

急性中毒死亡的病羊，没有特征性病变。慢性中毒死亡的病羊，尸僵完全，皮下存在瘀血，结膜发绀，眼球下陷，有红色液体从鼻孔流出，腹部明显膨起，且腹腔散发刺鼻的腐败气味。瘤胃内含有大量气体，浆膜呈暗褐色，将其切开会散发刺鼻的氨味，黏膜发生脱落，基底层存在出血。肠黏膜发生出血、脱落，尤其是小肠段发生明显病变。肠系膜淋巴结存在瘀血，发生肿大。肝脏也发生肿大，质地较脆，胆囊发生扩张，含有大量胆汁。肺脏存在瘀血，支气管内存在泡沫样的粉红色分泌物。心外膜存在鲜红的弥漫性出血点，心室发生扩张，血凝块分层清晰。

四、实验室诊断

根据病羊是否存在饲喂或误食尿素的病史以及临床症状、剖检变化，可进行初步诊断。确诊应进行实验室诊断，如测定血氨。通常情况下，病羊每升血液中含有8～12mg氨即可判断发生中毒。也可进行亚硝酸钠反应，即取适量的剩余饲料或胃内容物，添加适量水调制成稀糊状液体，取3mL添加在试管中，再添加1mL 1%亚硝酸钠和1 mL浓硫酸，摇匀后室温放置5min，在泡沫完全消失后再添加0.5g格里斯试剂，充分摇晃均匀，如果存在尿素，试管液体就会呈黄色，没有尿素时液体呈紫红色。

五、防治措施

1. 预防

3月龄以内的幼羊不要饲喂尿素，大于6月龄且瘤胃发育完善的健康羊可饲喂尿素。初次饲喂尿素添加量要小，大约为正常喂量的1/10，以后逐渐增加到正常的全饲喂量，持续时间为10～15d。并要供给玉米、大麦等富含糖和淀粉的谷类饲料。一般添加尿素量为日粮的1%左右，最多不应超过日粮干物质总量的1%或精料干物质的2%～3%。

应将足量尿素均匀地搅拌在粗精饲料成分中饲喂。饲喂尿素时既不能将尿素溶于水后饲喂，也不能饲喂尿素后立即大量饮水，以免尿素分解过快而中毒。因此，降低尿素的分解速度是提高尿素利用效果、防止中毒的有效措施。日粮中添加适量的维生素A、维生素D等，能够有效保持瘤胃微生物活性良好，间接提高尿素的利用率。不能过多地饲喂豆类、南瓜等含有脲酶的饲料，否则会促进尿素在体内的分解，造成中毒。

2. 药物治疗

羊尿素中毒时，可一次性灌服100～150mL 1%的食醋，先给重症羊灌服，再给轻症羊灌服。如果配合添加50～100g食糖以及适量清水后灌服，治疗效果更好。

另外，也可在100mL 5%葡萄糖生理盐水内添加3～5g硫代硫酸钠，混合均匀后给病羊静脉注射；或静脉注射50～100mL 10%葡萄糖酸钙和500mL 10%葡萄糖溶液，再灌服0.25kg食醋，治疗效果也较好。

第十七节　羊棉籽饼中毒

棉籽饼是一种优良的蛋白质饲料，常被作为精料用于补饲，但其中含有高水平的棉酚，如喂量、饲喂方法不合理或饲喂前没有经过脱毒处理，就容易导致羊发生棉酚中毒。

一、毒害作用

棉籽饼是棉籽进行榨油处理后产生的副产品，含有丰富的蛋白质、磷等营养物质，能够作为饲料使用。

棉籽饼中含有棉酚，是萘的衍生物，呈黄色固体，有毒，能够损害神经、血管和细胞。棉籽饼中含有两种类型的棉酚，即结合型棉酚和游离型棉酚，其中前者没有毒性，而后者具有毒性。

不同品种、生长条件的棉花以及采取不同的榨油方式，会导致棉籽饼中所含的游离棉酚水平不同，一般在0.04%～0.20%范围内。在饲喂前未经过脱毒处理，或饲喂量、饲喂方式不合理时，就非常容易导致发生中毒，尤其是发霉、腐烂的棉籽饼具有更大毒性。

棉酚的毒害作用主要呈现在4个方面：①羊体内和肝脏中蓄积的游离棉酚，会导致肝细胞损害，同时会损伤血管膜、破坏红细胞，最终引起贫血。②能够同多种酶和功能蛋白质相结合，导致后者活性消失，尤其是棉酚与铁离子结合后，会抑制血红蛋白的结合，从而发生缺铁性贫血。③能够导致妊娠母羊发生流产和产死胎；也可使公羊睾丸生精上皮被破坏，造成精子畸形、发生死亡，导致雄性不育。④棉酚进入血液后会导致维生素A的含量下降，从而引发维生素A缺乏症。

二、临床症状

进入消化道的棉酚，可刺激胃黏膜而引起胃肠炎或胃肠卡他；消化道吸收的棉酚，能导致各个系统器官中毒，发生出血性、浆液性炎症，存在出血点，并发生浸润。尤其是神经系统被侵害时，会引起神经系统紊乱，出现一系列神经症状，如抑制或者兴奋等。

病羊主要表现体温升高至40.5℃左右，心跳达每分钟100次左右，呼吸达每分钟45次左右。精神萎靡，食欲不振，呼吸急促，心跳加速，行走困难，口腔黏膜呈灰白色，有口水流出，瘤胃蠕动缓慢，反刍停止，皮肤弹性减弱，明显脱水，眼球凹陷，神经紊乱，肌肉疼痛、颤动，咳嗽，结膜充血，瞳孔散大，视力下降，眼睑明显水肿，持续流泪，腹泻，排出覆盖黏液的粪便，排尿异常，有时会发生血尿等。

三、诊断

根据羊群发病情况、临床症状和是否饲喂未经脱毒的棉籽饼可进行初步诊断，如需确诊则应进行实验室诊断。

取少量棉籽饼，完全研磨粉碎后添加适量的浓硫酸，经过2min振荡会变成红色，然后对该溶液进行1～1.5h的加热。如颜色消失，表明含有棉酚。另外，通过尿常规检查发现其中含有大量的白细胞和红细胞，说明羊呈现中毒症状。

四、防治措施

1. 合理饲喂

若羊群长时间饲喂棉籽饼或其副产品，应注意与豆科干草或者其他品质优良的粗饲料或青饲料搭配饲喂，同时注意适当补充钙和维生素A。合理控制棉籽饼的饲喂量，一般要求羊每天饲喂1.5kg以下，对于妊娠母羊最好停止饲喂，避免发生流产。在饲料中添加适量的胡萝卜、鱼粉、钙粉、维生素A、维生素D等，促使其中维生素A、维生素D的水平升高。

2. 药物治疗

（1）抑制吸收　可采取催吐（灌服4%硫酸铜）、洗胃以及导泻的方式治疗，同时要立即停止饲喂棉籽饼。

（2）洗胃　一般向瘤胃内注入适量的常水、5%碳酸氢钠溶液、0.03%～0.10%高锰酸钾溶液或生理盐水，接着再将其导出。

（3）导泻　使用适量泻剂，如硫酸钠或硫酸镁，添加适量水配制成浓度为6%的溶液，每次给病羊灌服200～500mL，同时灌服100～200mL 5%碳酸氢钠溶液或0.1%高锰酸钾溶液，能够使羊体内棉酚被破坏。

（4）解毒　可选择使用铁盐（如枸橼酸铁铵或者硫酸亚铁等），以及钙制剂（如乳酸钙、碳酸钙或者葡萄糖酸钙等）。

在治疗过程中，要注意补充维生素A、维生素C、维生素D及维生素E等。另外，还要实施对症治疗。病羊可静脉注射5%葡萄糖生理盐水，或静脉注射添加有10mL乳酸钠溶液（11.2%）或者10mL碳酸氢钠注射液（5%）的复方氯化钠溶液，用于补液和调节酸碱平衡；选择使用复方甘草酸铵注射液、维生素C和肌苷等，用于保肝解毒。为抗菌消炎，可按体重肌内注射4mg/kg硫酸庆大霉素，每天1次；如果发生出血性胃肠炎，可灌服由2～5g磺胺脒、1～2g次硝酸铋、2～5g鞣酸蛋白、5～10mL氢氧化铝凝胶组成的混合药物，每天2～3次。对于表现出血尿的病羊，可选择使用维生素K，同时注意补充适量的维生素A或增加维生素A的补喂量。

第十八节　羊霉菌毒素中毒

羊采食霉变玉米等饲料，会食入大量的霉菌及霉菌毒素，从而引起中毒。特别是在雨水较多的季节，主要是由于饲料发霉变质所致。

一、危害

饲料发霉后能产生多种霉菌毒素，这些毒素能够损伤机体内脏。羊采食霉变饲料后，通过消化吸收使霉菌毒素运送到体内各个组织器官，尤其是肝脏和肾脏损害严重。

霉菌毒素可导致羊生殖能力降低，并发生繁殖障碍；镰刀菌所产生的玉米赤霉烯酮能够导致母羊出现发情异常，如假发情、不排卵等。

霉菌毒素可破坏神经系统，导致机体出现神经症状，如精神萎靡，嗜睡或者狂躁不安、极度兴奋、四肢痉挛等。

霉菌毒素能够抑制机体内B淋巴细胞和T淋巴细胞的活动，从而导致机体免疫抑制，容易继发感染其他疾病。

二、临床症状

病羊精神沉郁，食欲不振，机体消瘦，被毛稀疏、杂乱。体温初期略有升高，后期稍微降低。黏膜发生黄染，双眼无神，有时如同陷入昏睡。

可出现运动障碍，部分羊会长时间卧地，即使驱赶也很难站起；部分羊在走动时左右摇摆，步态蹒跚；部分羊会在走动一段距离后用前肢跪地，人为干预其才能勉强站起。

鼻端存在黏性分泌物，出现吸气性呼吸困难，肺泡呼吸音初期有所增强，而后期有所减弱。腹部膨大，触摸瘤胃存在波动感，听诊发现蠕动音低沉或消失，真胃明显扩张。排尿困难，大部分羊的肛门周围皮下水肿，按压后出现塌陷，几秒后才能够恢复。

三、剖检变化

鼻腔黏膜散布有不同大小的霉菌样结节，呈半球形隆起。心肌变性，心内外膜及冠状沟存在出血点，心包液增多。肝脏肿大，呈黄色，脂肪变性，质地较硬，切面不外翻，胆囊明显扩张。肾脏暗红色，被膜较难剥离，切面外翻。肺脏存在充血、出血，肝、肾、脾、肺、淋巴结等器官有时会形成肉芽肿结节，结节中心呈黄褐色、烟灰色或淡绿色，出现比较干燥的坏死灶，周围会环绕有充血或出血带。皱胃发生溃疡，胃肠黏膜发生弥漫性出血。腹腔存在大量积水。膀胱存在积尿。

四、防治措施

1.预防

防止饲料发生霉变，控制玉米含水量在14%以下。保证仓库以及加工设备干净卫生。饲料适宜储存在低温、干燥、通风、阴凉的库房。

2.治疗

立即停止饲喂霉变饲料，并将饲槽内的剩余饲料清除干净。

如果病羊症状较轻，可投服适量的硫酸钠、人工盐，每天1～2次；口服适量由葡萄糖粉、补液盐、维生素K_3粉、维生素C粉组成的混合溶液，全天使用；肌内注射5～15mL复合维生素B注射液，每天1次。

如果病羊症状较重，不仅要采取以上方法进行治疗，还要静脉滴注250mL由10%葡萄糖、ATP、葡醛内酯（肝泰乐）、维生素C组成的混合溶液；或者静脉滴注250mL由5%葡萄糖、安钠咖、乌洛托品组成的混合溶液。

如果病羊出现震颤，可缓慢静脉滴注50～150mL 10%葡萄糖酸钙；肌内注射适量的维生素K_3、止血敏。

为防止继发感染，按体重肌内注射5mg/kg头孢噻呋钠，每天1次。

第三章

常见产科病

第一节　羊乳房炎

羊乳房炎是指乳腺、乳池、乳头局部的炎症，多发于泌乳期。特征为乳腺红肿、发热、疼痛，影响泌乳机能和产乳量。

一、病因分析

环境卫生差的圈舍，潮湿、闷热，易于细菌的大量繁殖。母羊乳腺尤其是乳头如果被毛刺等刺伤，则容易发生细菌感染（如葡萄球菌、大肠杆菌等、链球菌等）而导致炎症的发生。

二、临床症状

1.急性型

患病乳区发热、增大，触碰有痛感（图3-1-1）；乳汁变稀，混有絮状或粒状物。重症时，乳汁可呈淡黄色水样或带有红色水样黏性液；乳房淋巴结肿大。同时羊表现食欲减退或废绝，体温升高，精神委顿。

2.慢性型

一般没有全身症状，患病乳区弹性降低；触诊时，可感觉有大小不等的硬块；泌乳量减少，乳汁稀，混有粒状或絮状凝块。

三、防治措施

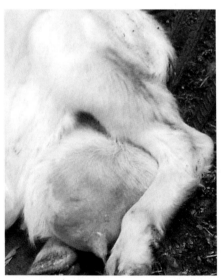

图3-1-1　乳房肿胀，严重病例呈紫色

1.预防

改善羊圈的卫生条件，扫除圈舍污物，定期消毒棚圈。

2.治疗

可用庆大霉素8万U或青霉素40万IU，蒸馏水20mL，用乳头管针头注入乳头，每天2次。注射前用酒精棉球消毒乳头，并挤出乳房内乳汁，注射后要按摩乳房。也可用青霉素80万IU，0.5%普鲁卡因40mL，在乳房基底部与腹壁之间，用封闭针头进针4～5cm，分3~4点注入，每2d进行1次。

对乳房极度肿胀，发高热的全身性感染者，用卡那霉素、庆大霉素、青霉素等抗生素进行全身治疗。

第二节 母羊子宫内膜炎

母羊子宫内膜炎是常见的生殖器官疾病，通常是指羊在分娩后由于感染细菌而导致子宫内黏膜发生的炎症。

一、病因分析

主要是由于发生难产、胎衣不下、子宫复旧不全、子宫脱出、流产以及滞留死胎等，或者人工授精时没有经过严格消毒，导致机体感染病原微生物，如沙门氏菌、大肠杆菌、葡萄球菌、链球菌、酵母菌，或同时混合感染几种细菌。

公、母羊采取自然交配也是导致母羊感染的一个途径。此外，母羊分娩后抵抗力减弱或子宫损伤，会促使原本潜在的子宫黏膜慢性炎症加重，最终变成急性炎症而出现症状。

二、临床症状

1.急性型

通常在分娩后4~7d发病。体温升高，精神沉郁，食欲不振或废绝，反刍失调，轻度臌气，泌乳减少。

患羊努责、弓背，有大量黏性或脓性分泌物从阴门内流出。少数症状严重的会流出棕色或者暗红色的分泌物（图3-2-1），且散发腥臭味，特别是在卧地时会流出更多。阴门周围及尾根往往会黏附大量的脓性分泌物，干燥后会结痂。

如没有及时进行治疗或治疗不当，会转变成慢性型，且常会继发引起子宫积液、子宫积脓，其会与周围组织发生粘连等。

2.慢性型

通常是由急性型转变而来，常见于使

图3-2-1 严重病例流出暗红色的分泌物

用药物进行多次治疗但没有明显效果时，病羊症状有所减轻，且不会表现出明显的全身症状，采食量略微减少，不定时从阴门内流出透明、混浊或者脓性絮状物，发情无规律或者无法发情，屡配不孕。

如果卡他性子宫内膜炎继发子宫积水，会使羊长时间不孕，但由于基本上不会有黏液排出，因此较难被发现。如果没有及时进行治疗，还可能会发生子宫坏死，进而导致其他器官发生感染，表现出严重的全身症状，最终引发败血症或脓毒性败血症。有时还会继发引起腹膜炎、乳房炎等。

三、治疗措施

1. 一般疗法

病羊减少运动，适宜呈半卧状，便于引流出宫腔分泌物；保持排粪顺畅，缓解盆腔充血，且能够加速机体排出分泌物。

急性子宫炎不能进行多次子宫冲洗，避免炎症蔓延。

适当饲喂高蛋白、高热量以及含有多种维生素且容易消化的饲料。如果无法采食，则要静脉补充水分及营养，还能够纠正酸中毒，调节电解质平衡。

2. 药物治疗

按体重肌内注射 3～5mg/kg 恩诺沙星注射液，每天 2 次，连续使用 5～7d。

按体重静脉注射或者肌内注射 3～8mg/kg 氨苄青霉素钠，每天 1～2 次。

可在每千克饲料中添加磺胺甲基异噁唑配合 1 000 万 U 维生素 E，连续饲喂 5～7d。

为刺激子宫收缩和提高子宫防御机能，促进子宫腔内的渗出物排出，病羊可每次肌内注射或皮下注射 10 万～50 万 U 缩宫素（催产素）注射液。

3. 子宫给药

一般选择使用 0.1% 高锰酸钾溶液、3% 双氧水、生理盐水等。清洗时，病羊可在一横杆上保定，两后肢分开呈"八"字形，接着使用经过消毒且外壁涂抹适量润滑剂的开腔器将阴道打开，向子宫内插入金属输精针备用。

用注射器吸取 100～150mL 0.1% 高锰酸钾溶液或 1% 的过氧化氢溶液，经由输精针慢慢注入子宫腔内，确保药液在里面停留大约 10min，然后解开后肢放在平地上，再对腰部按压或抬起两前肢，以排出液体；接着向子宫腔内注入 100～150mL 生理盐水，停留相同时间后采取同样方法排出。子宫冲洗结束后，向子宫内注入 160 万 IU 的油剂青霉素，也可选择使用其他广谱抗生素。为避免注入的药液流出子宫，可在注药后于子宫颈口堵塞一个浸有适量生理盐水的棉球，在进行下次冲洗时将其取出。每天 1 次，连续使用 3～5d。

第三节　母羊产前阴道垂脱

母羊产前阴道垂脱是指整个或部分阴道外翻到阴户外面，阴道黏膜发生充血、炎症反应，甚至溃疡或发生坏死，是母羊比较容易发生的一种产科疾病。所有妊娠母羊都可能发生，主要是临分娩或者分娩初期出现。症状较轻时，只会在阴道入口部存在大小如桃子的脱出物；症状较重时，脱出长度可达到 20cm。

一、病因分析

阴道周围组织以及韧带弛缓是发生该病的直接原因。妊娠母羊后期由于腹压过大而引起发病；分娩过程中由于分娩或出现胎衣不下时用力努责，易发生阴道垂脱（图 3-3-1）。此外，人工助产操作不当，导致阴道不能够恢复原位，从而引发该病。

二、影响因素

1.品种

纯种和杂交品种之间存在明显差异。纯种羊很少发生，杂交母羊阴道垂脱的发病率较高（＞3%）。

2.产羔数

随着产羔数的增加，母羊阴道垂脱的发生率呈现上升趋势，双胎妊娠母羊发生概率较单胎妊娠母羊增加5倍，三胎妊娠母羊发生概率较单胎妊娠母羊增加11～12倍。

图3-3-1　妊娠母羊后期的阴道垂脱

3.年龄

阴道垂脱的发生概率随年龄的增长而升高，这可能与老龄母羊孕双胎或三胎的比例较高有关。

4.过量采食与饮水

虽然发现该病与真菌毒素与低钙血症无关，但饲喂劣质饲料的羊群发病率高于良好管理的羊群。在不限制采食的小群饲养羊群中发生率较高，这种饲养方式使得母羊采食过多，腹压升高。加盐造成水的大量摄入而导致膀胱胀满，也会增加阴道垂脱的发生概率。

三、防治措施

1.预防

（1）加强饲养管理　确保饲料品质优良，合理搭配饲草，含有充足的矿物质，保持机体状态良好，并坚持适量运动，增强阴道周围肌肉组织以及韧带张力。

（2）淘汰病羊　羊群中50%左右患阴道垂脱的母羊在下一次怀孕时都会复发，故建议淘汰患病羊。

2.治疗

（1）对症治疗，人工复位　在对脱出的阴道组织人工复位时，为减少腹腔和盆腔脏器的压力，一般用支架帮助或辅助提起母羊的后腿，使其远离地面。复位前应将垂脱的阴道黏膜先用温热的低浓度消毒剂仔细清洗，再用弯曲的手指或手掌将下垂部分轻轻复位。

（2）辅助治疗　内服补中益气散：60g陈皮、40g柴胡、45g党参、40g当归、40g白术、60g炙黄芪、60g升麻、45g炙甘草，加水煎煮后取药液服用。

同时使用防风汤：10g防风、10g五倍子、10g艾叶、10g蛇床子、10g川椒、10g荆芥、10g白矾，加水煎煮后于阴门外进行温洗。

第四节　母羊生产瘫痪

生产瘫痪又称产后瘫痪，是产后母羊突然发生的营养代谢障碍性疾病，以知觉丧失和四肢瘫痪为特征。

一、病因分析

舍饲、产乳量高以及怀孕末期营养良好的羊，如果饲料营养过于丰富，可成为发病的诱因。

泌乳母羊不能从饲料中获得代谢所需的全部的钙，同时大量的钙质进入初乳，就会利用自身骨骼中钙的储备。当骨骼中钙库不能满足需求或日粮中钙水平过低时，就会发生低钙血症，引起瘫痪。

血糖大量进入初乳，也是该病发生的因素。

二、临床症状

通常出现于分娩后1～3d，少数的病例可能出现于妊娠最末期或分娩过程中。病初患羊精神抑郁，食欲减少，反刍停止。四肢发软，行走不稳，随后卧地不起（图3-4-1），停止排粪和排尿。针刺皮肤时，疼痛反应很弱。体温一般正常。严重时，头和四肢伸直，呼吸深而慢，心跳微弱，耳和角根冰凉，皮肤无痛觉反应，常处于昏迷状态。

图3-4-1 患羊卧地，四肢无力

三、诊断

根据临床症状可进行初步诊断。尸体剖检时，看不到任何特殊病变。准确的诊断方法是分析血液样品中的血糖和血钙含量。

四、防治措施

1. 预防

怀孕期间单纯饲喂富含钙质的混合精料，预防效果一般；如同时补充维生素D，则效果较好。产前应保持适当的运动，但不可运动过度。过度疲劳反而容易引起发病。分娩前数日和产后1～3d内，每天给予蔗糖15～20g。

2. 治疗

（1）方法一　10%葡萄糖酸钙注射液50～150mL，一次静脉注射；醋酸氢化泼尼松注射液250mg，一次肌内注射。

（2）方法二　5%氯化钙注射液200mL、10%氯化钾注射液150mL、20%磷酸二氢钠注射液200mL、5%葡萄糖生理盐水4 000mL、10%安钠咖注射液30mL、地塞米松注射液30mg，一次缓慢静脉注射。

第五节　母羊难产

母羊生产中，难产的情况虽然不多，但也会时而发生。分析难产的具体原因，采取合理的防治方法，可以减少损失。

一、原因分析

1.过早交配

母羊一般在5～6月龄达到性成熟，但母羊身体尚未发育成熟，此时配种会遏制其生长发育，自然也会增加难产发生率。难产母羊中，多为初配母羊。

2.选配不当

难产病例中约60%与胎儿过大有关系，绝大部分是由于公羊体形过大。尤其是母羊未成熟时交配，难产发病率更高。正确的选配原则是"大配大、大配中、中配小"。

3.管理不当

营养失调是导致妊娠期母羊难产的诱发因素之一。另外，与运动不足也有关系。运动量不足可诱发胎位不正，还可导致产力不足。对于母羊来说，运动要适量、适度，一般以2h/d为宜。

二、常见类型

可分为产力性难产、产道性难产及胎儿性难产。

1.产力性难产

是指母羊在分娩过程中，因产力不足而出现的难产。年老或瘦弱母羊的子宫收缩无力，很可能出现产力不足而产不出胎儿。产力性难产占母羊难产死亡的8%～21%。

主要病因是分娩前母羊的激素可能出现失调，包括雌激素、催产素等激素的水平过低。也可能是因为在妊娠期间母羊的营养不良所引起的。另外，由于母羊年老体弱，在分娩时可能出现低钙血症和低镁血症等疾病进而导致难产。

2.产道性难产

是指因为母羊的软产道和硬产道两者的异常而导致的难产。母羊的软产道经常会出现子宫颈张开的缝隙不足够大；硬产道的主要问题是骨盆狭窄。此种难产主要见于初产母羊。

主要原因是配种时间比较早，母羊身体尚未发育成熟、个体较小。另外，由于母羊的频繁起卧可能引起子宫捻转；也可能因急速起卧而导致胎儿的捻转；舍饲母羊运动不足，可能会导致子宫以及其支持的组织发生松弛，进而导致子宫发生捻转，最终导致产道性难产。

3.胎儿性的难产

胎儿过大、胎儿畸形、胎位异常或死胎等，这些均称为胎儿性难产。其中胎儿过大或胎儿在子宫中的姿势不对而造成难产的比例最高。胎儿畸形则可能是因为母羊在妊娠期间用药所致。

三、防治措施

1.预防

合理的初配时间：以月龄和发情次数决定初配时间。一般掌握在8～9月龄母羊，此时母羊已经经过2～3次发情，生殖器官已经发育完全，体重也已经合乎生殖要求。在这个时间配种的话，经过5个月的时间，在营养良好的情况下，一般不会发生难产。

注意品种的选择：一般养殖户总是希望所生产的羊羔大、数量多，但忽略了母羊本身的品种。应遵循"大配大、大配中、中配小"的原则，减少难产的发生。

加强妊娠期管理：妊娠前期主要是胚胎的着床，后期是胚胎的发育。在正常情况下，营养的分配首先是满足胚胎发育需求。若在胚胎发育后期，营养不足或营养失调会导致母体瘦小、生产时产道狭窄和产力不足，造成难产。

适当运动：5m²可养殖5～6只肉羊；而对于母羊来说，掌握2～5m²养殖1只，避免因缺少运动而造成难产。

2. 助产

发生难产时要及时助产。若羊膜破水已有20min羔羊还没产出，母羊又无力努责时应立即进行助产。首先注射催产素0.2～2mL。胎水流失过多，可注入滑润剂（液状石蜡或食用油等）。助产员可用手抓住羔羊的前肢或后肢，随着母羊的努责顺势向母羊的后下方轻拉羔羊就可产出。

若胎位不正，应将胎位矫正到顺产位置。助产员在手术前应将手指和手臂上涂外用滑润剂（液状石蜡或食用油），手伸入产道时动作要轻，同时要随着母羊的努责操作，以免弄破子宫。把胎位拨正后，随后将细的绳子套在术者手指上，手和绳一并进入产道，然后用绳子套在羔羊的两前蹄或后蹄的系部，顺着母羊怒责慢慢拉绳子，把蹄部顺着产道拉出，接着把整个羔羊拉出。

第六节　母羊流产

母羊流产的原因包括传染性疾病和非传染性疾病两类因素。相对于其他反刍动物，羊对气候、理化因素的影响更加敏感，发生流产的概率更高。一般来说，突然流产的羊在流产前不会有任何的表现，发病较慢的精神萎靡，食欲降低，有腹痛和努责症状。

一、原因分析

1. 衣原体病

也称为羊地方性流产。当妊娠羊感染衣原体后，衣原体在胎衣特别是绒毛叶上生长繁殖，引起患部发炎，导致胎羔早期产出。大多数母羊在产前1个月左右发生流产。

2—4月是该疾病的高发期，患羊多是2岁左右。流产前没有特异性表现，仅仅是神态异常，有腹痛和鸣叫，流产发生时会将死胎排出。

防治该病最有效的措施就是免疫接种，每年定期注射卵黄囊油佐剂甲醛灭活苗，每只皮下注射3mL，有效期为1～2年。

2. 布鲁氏菌病

布鲁氏菌也会导致羊流产，主要是妊娠3～4个月母羊。初次发病时会有非常高的流产概率，以后可以获得一定免疫力，流产概率会有所降低。该疾病的防治应该做好免疫工作，特别是高发病区域，可定期进行检疫和免疫，对患羊进行淘汰，避免扩大危害范围。

3.沙门氏菌病

沙门氏菌也是常见的致流产病原菌，可增加临床流产概率。对该疾病的防治，需要选用敏感药物（如磺胺类、呋喃类药物等）进行治疗，但治愈难度较大。

4.营养不良

冬、春季节，母羊怀孕的高峰期，其对营养需求高，若此时营养补充不足，易导致胎儿发育受到影响，引发流产。

5.饲养管理不当

摄入霉变饲料或污染的饮水、气候突变、公母混养、放牧跌倒等均会导致山羊流产。另外，治疗时，药物选择不当，剂量使用不正确也会导致流产。

6.气候条件

夏季要抓水膘，秋季抓油膘，冬季保肥膘，春季减少掉膘，这样才能让羊顺利地度过四季，平安生产。增加冬季饲料的营养物质，保证充足的牧草摄入，为冬季舍饲提供基础。春季和冬季使用暖棚，提供洁净饮水，每天在暖和的时间提供饮水，可以降低寒冷应激。

二、综合防治措施

1.科学免疫

科学、规范、合理使用疫苗，按照说明书要求使用，尤其要注意剂量，否则容易适得其反，引发疾病。

2.定期驱虫

定期驱虫，控制和降低羊体内外寄生虫的危害。驱虫后对粪便进行堆积生物发酵。

3.抗菌消炎

对流产母羊及时使用抗菌消炎药品。

4.卫生消毒

对疑似病羊的分泌物、排泄物以及被污染的土壤、场地、圈舍、用具和饲养人员衣物等进行消毒灭菌处理。

5.加强管理

减少拥挤、缺水、采食毒草或霜草、饮用冰凌水、受冷等因素影响。

妊娠羊饲喂标准应适当提高，按照其情况进行具体的调整。补喂常量元素（Ca、P、Na、K）等和微量元素（Cu、Mn、Zn、S、Se）等。

保持羊舍的洁净干燥，光照充足，通风透气。

做好羊舍的消毒管理措施。

6.自繁自养

尽量坚持自繁自养，减少外地羊引入。

如需引入，要做好检疫工作，隔离观察。

不引入疫区羊，不使用疫区的饲料和物品。

第四章

重 要 细 菌 病

第一节　羊布鲁氏菌病

布鲁氏菌病是由布鲁氏菌引起的人兽共患的一种慢性传染病，主要侵害生殖系统。羊感染后，以母羊发生流产和公羊发生睾丸炎为特征。该病不仅感染各种家畜，而且易传染给人，对人类的健康和畜牧业的发展危害很大。

一、病原特性

布鲁氏菌是革兰氏阴性需氧球杆状菌（图4-1-1）；鉴别染色为柯氏染色法，布鲁氏菌为红色（图4-1-2）。无芽孢，无荚膜。可细胞内寄生。布鲁氏菌在土壤、水中和皮毛上能存活几个月，一般消毒药能很快将其杀死，如1%来苏儿、2%甲醛水溶液或5%生石灰乳15min就可将其杀死。

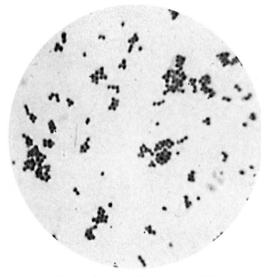

图4-1-1　革兰氏染色的布鲁氏菌

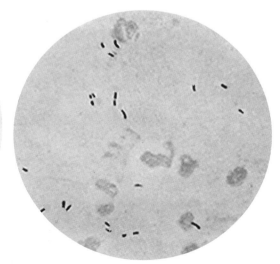

图4-1-2　柯氏染色的布鲁氏菌

二、流行病学

病羊及带菌者是传染源。主要传播途径是消化道，皮肤有创伤更易侵入，也可经配种感染。母羊较公羊易感性高，性成熟后对该病极为易感。

三、临床症状

多数病例为阴性感染，常不表现症状，能被注意到的症状仅是流产。流产前，食欲减退、口渴、精神委顿、阴道流出黄色黏液等。流产多发生在妊娠后第3～4个月，有时患病羊发生关节炎和滑液囊炎而致跛行；公羊发生睾丸炎，少部分病羊发生乳房炎和支气管炎。

四、病理变化

常见剖检病变是胎衣呈黄色胶冻样浸润，有些部位覆盖有纤维蛋白絮片和脓液，有的增厚并有出血点。流产胎儿主要为败血症病变（图4-1-3），皮下呈出血性浆液性浸润，脐带常呈浆液性浸润，淋巴结、脾脏和肝脏有不同程度的肿胀，有的散布有炎性坏死灶。公羊患病时，可发生化脓性坏死性睾丸炎，睾丸肿大，后期睾丸萎缩。

五、诊断

该病的流行特点、临床症状和病理变化均无明显的特征，同时隐形感染较多，因此确诊需依靠实验诊断。在接种过疫苗的羊群，分离培养鉴定是诊断布鲁氏菌病最可靠的方法，只要从病羊体内或排出物中发现病原体即可确诊。在未接种过疫苗的羊群，主要是采集血液、分离血清，然后使用已知的抗原进行抗体检测。

图4-1-3　发病羊流产的死胎

六、防治措施

定期监测，发现病羊立刻淘汰，不予治疗。本病应当遵循"预防为主"的原则。

1. 未感染羊群，控制该病传入的办法

加强饲养管理，提高羊的抵抗力。定期检疫，每年2次。一旦发现病羊，立即淘汰。引进种羊或补充羊群时，应严格执行检疫，需将羊群隔离饲养2个月，同时进行布鲁氏菌病的检查，全群两次免疫学检查阴性者，才可与原有羊群接触。在流行地区，疫苗接种是控制该病的有效措施。定期免疫接种，每年春秋两季，用羊型5号弱毒苗（简称M5苗）进行免疫接种。羊群发病后，应及时隔离，以淘汰为宜。对污染的用具和场所用10%～20%石灰乳、2%氢氧化钠溶液、5%克辽林等进行彻底消毒，流产胎儿、胎衣、羊水和产道分泌物应深埋。

2. 疑似病羊群，控制该病的办法

通过监测确定阳性群体：按照原农业部发布的《布鲁氏菌病防治技术规范》，采用虎红平板凝集试验对待检血清进行初筛，以ELISA进行复核。有确定阳性个体的群体确定

为阳性群体。

扑杀并无害化处理阳性羊：阳性羊须采用不放血方法扑杀。监测阳性率大于或等于40%的养殖场，全群扑杀；阳性率在10%～40%的养殖场，扑杀阳性羊及与同圈（栏）羊；阳性率小于10%的养殖场，扑杀阳性羊。阳性羊、高危羊及其流产胎儿、胎衣、排泄物、乳、肉、乳肉制品等按照《病死及病害动物无害化处理技术规范》（农医发〔2017〕25号）进行焚毁和深埋。做好相关记录、报告、扑杀登记备案等。

消毒灭源净化环境：对病羊圈舍环境、污染场地进行消毒。饲养场金属设施、设备可用火焰、熏蒸等方式消毒；流产的胎儿、排泄物和羊水污染的圈舍、场地、车辆等，可用10%～20%石灰乳或10%～20%漂白粉不带群消毒；带群消毒可用适宜浓度的过氧乙酸、百毒杀、新洁尔灭等；饲料、垫料等可采取深埋发酵处理或焚烧处理；粪便消毒可采取堆积密封发酵方式。阳性场每天消毒2次，直到全群监测阴性180d后转入常规消毒。

第二节　羔羊大肠杆菌病

羔羊大肠杆菌病是由于感染致病性大肠杆菌而导致的一种急性、致死性传染病，具有较高的死亡率，临床上表现为腹泻和败血症。

一、病原特性

大肠杆菌是一类革兰氏阴性中等大小杆菌（图4-2-1），多有周生鞭毛，无芽孢，能发酵多种糖类。抵抗力较弱，60℃ 15min可被杀死，普通消毒剂有效。致病性大肠杆菌通常具有黏附因子，并能够产生肠毒素和内毒素。

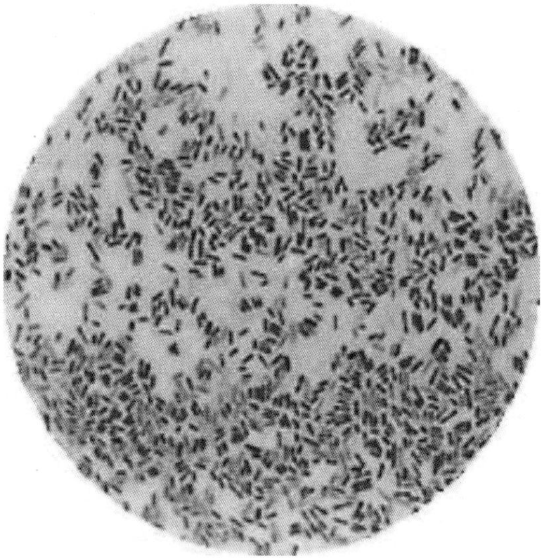

二、发病特点

多发生于数日至6周龄的羔羊，呈地方性流行，也有散发。主要经由消化道感染，如羔羊直接接触病羊或者饲养环境不卫生、吸吮不清洁的母羊乳头都会引起发病。气候不良、营养不足、场地潮湿污秽等，易造成发病。

图4-2-1　大肠杆菌

G⁻直杆菌，(0.4～0.7) μm×(1～3) μm，两端钝圆，散在或成对

三、临床症状

1.肠炎型

多发生于2～8日龄的羔羊。病初表现出体温升高，排出稀薄的半液状粪便，含有气泡，并散发恶臭味（图4-2-2）；开始呈黄色，后变成淡白色，并混杂凝乳块，严重时甚至混杂血液；后躯及腿部会黏附粪便（图4-2-3）。病羊后期表现出弓背、腹痛，体质虚弱，明显

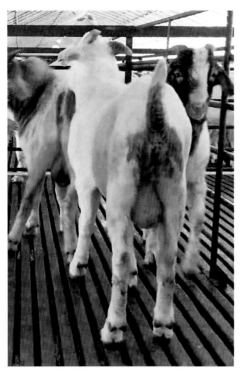

图4-2-3 病羔腹泻,后躯黏有粪便

图4-2-2 病羊轻度腹泻

脱水、衰竭,卧地不起,有时还会发生痉挛。如不及时治疗,在24~36h后可发生死亡。

2.败血型

多发于2~4周龄羔羊;病羊主要表现体温升高,精神萎靡,快速虚脱(图4-2-4),发生轻度腹泻。部分羊出现神经症状,运动障碍,视力减弱,磨牙;部分羊发生胸膜炎;部分羊发生关节炎;部分羊在临死前有稀粪从肛门流出。该类型呈急性经过,通常在4~12h内死亡,死亡率超过80%。

图4-2-4 病羊精神萎靡,快速虚脱

四、实验室检查

肠炎型病例采集小肠黏膜刮取物,败血型病例采集血液或肝脏。将病料组织分别在肉汤中接种,置于37℃培养6h;肉汤浑浊之后,利用PCR检测是否存在已知的致病性大肠杆菌。若存在已知的致病性大肠杆菌,挑取培养物划线接种麦康凯琼脂上,37℃培养24h;挑取5~10个菌落进行纯培养,并进行显微镜镜检和PCR检测。

五、防治措施

1.加强饲养管理

注意羔羊保暖;及时隔离和治疗病羔。用3%~5%来苏儿对污染的环境、用具消毒。

2. 敏感药物治疗

做好致病性大肠杆菌的药物敏感性监测，选择敏感药物用于治疗。

例如，患病羔羊可按体重0.2mL/kg肌内注射环丙沙星注射液，每天2次。也可口服5～8g磺胺脒、10～20g复方大黄苏打散。如果患病羔羊症状严重，可静脉注射300mL 5%葡萄糖生理盐水进行补液，并配合注射20mL 5%碳酸氢钠溶液。

第三节 羊沙门氏菌病

羊沙门氏菌病多因感染羊流产沙门氏菌、鼠沙门氏菌等所致。该病一年四季均可发生，其中在晚冬或早春相对容易发生。

一、病原特性

羊沙门氏菌是一种中等大小的杆菌（图4-3-1），革兰氏阴性，有微荚膜，不形成芽孢，具有周鞭毛；普通培养基上能生长，加入血清等生长更好。

耐热性较差，通常在60℃左右15min就会被杀死，在粪便中能生存2～3个月，在冰箱中能生存3～4个月，在土壤中能存活大约10d。对多数化学消毒剂敏感，常用的有20%～30%草木灰、3%福尔马林、3%来苏儿、10%～20%石灰乳等。

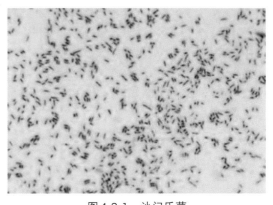

图4-3-1 沙门氏菌

G⁻，直杆状，两端钝圆，散在或成对

二、流行病学

病羊或者带菌羊是该病的主要传染源，一般呈散发性。各种品种、性别、年龄的羊均可感染。刚断奶或断奶不久的羔羊易感性要高于新生羔羊；年轻羊的易感性要高于老龄羊。对于妊娠母羊，主要在最后1个月内感染该病。无明显的季节性，但阴雨潮湿季节的发病率较高，尤其是饲养管理水平较差的羊场更易发生。

三、临床症状

1. 下痢型

羔羊多发。病初体温升高，可超过40℃，且呈弛张热或稽留热，精神萎靡，食欲不振或废绝，拱背，走动缓慢，往往卧地，并出现跛行。大部分病羊会伴有腹痛症状，严重下痢，初期排出黑色的糊状粪便；中期在排粪时会用力努责，但只有少量粪便排出，且会导致腿部和后躯被污染；后期发生下痢，粪便呈喷射状排出，且其中混杂血液，快速发生脱水，眼球下陷，渴欲增强，机体严重衰竭。部分病羊会表现出呼吸加快，咳嗽，有黏液性鼻液流出等。病羊一般在1～5d后发生死亡，部分在2周后能够痊愈。

2.流产型

妊娠母羊患病后会在产前2个月出现流产或死亡，有些体温升高，精神沉郁，部分发生腹泻。另外，其所产后代羔羊体质虚弱，会发生下痢。

四、剖检变化

1.下痢型

真胃和肠道空虚，胃肠黏膜发生充血、肿胀，存在黏液以及小血块，肠道内容物通常呈半液体状，回肠或者结肠发生膨大，含有大量液体；肠系膜淋巴结发生充血、肿大；肠壁出现不同类型的出血，部分呈弥漫性出血（图4-3-2），部分呈点状出血；心包膜存在小出血点；肝脏表面存在黄白色的坏死灶；胆囊黏膜发生水肿；脾脏发生充血，呈黑紫色或者樱红色，且肿大至正常大小的2～3倍；肾脏皮质部与心外膜存在出血点；部分皮下发生胶冻样水肿。

2.流产型

子宫发生肿胀、充血，内含出血性浆液性渗出物及坏死组织，部分甚至滞留有胎盘。产出的死羔具有全身败血症病变，肝脏、脾脏发生肿大、充血，并存在坏死灶。

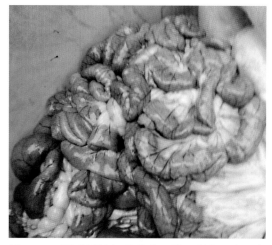

图4-3-2　下痢型沙门氏菌病，结肠膨大，小肠出血，内有大量液体

五、诊断

1.实验室检查

取下痢病羊的十二指肠或空肠、肠系膜淋巴结、脾脏或流产母羊的阴道分泌物及胎儿组织，在鉴别培养基（如伊红美蓝、麦康凯琼脂等）或选择性培养基（如SS琼脂）上接种，于37℃培养24h。挑取疑似菌落接种三糖铁琼脂，如果疑似菌株致三糖铁琼脂呈上红（斜面）下黄（底部），有时混杂黑色，还可能产酸产气，即可采取生化鉴定。生化试验结果为：VP试验阴性，MR试验阳性，能够利用柠檬酸盐，不产生尿毒酶和吲哚，可分解葡萄糖产生气体，分解麦芽糖和甘露醇产酸。

2.鉴别诊断

下痢型沙门氏菌病要注意与大肠杆菌病相鉴别：大肠杆菌病通常是羔羊发生，往往呈急性经过，如未及时治疗，死亡率很高，病羊临床上主要特征是发生腹泻和败血症。

流产型沙门氏菌病要注意与布鲁氏菌病相鉴别：母羊感染布鲁氏菌病后通常在妊娠后期发生流产，且流产后往往伴发子宫内膜炎或者胎衣不下，经过2～3周能够康复，但部分经过长时间治疗也无法康复，屡配不孕，最终只能淘汰。

六、防治措施

1. 加强管理

注意环境卫生消毒，创造良好的饲养环境。

冬天做好保温防风工作，秋季做好防潮工作。

2. 药物治疗

选择敏感抗菌药物。新霉素或土霉素，羔羊每天按体重内服30～50mg/kg，分成3次服用；成年羊按体重静脉或者肌内注射10～30mg/kg，每天分成2次服用。对于下痢型病羊，还可配合使用微生态制剂对肠道菌群进行调节，如乳康生、调痢生、促菌生等，采取口服给药，注意不能够同时使用抗菌药物。其他药物，如环丙沙星、恩诺沙星、氟苯尼考等也可用于治疗。

第四节　羊巴氏杆菌病

羊巴氏杆菌病是由多杀性巴氏杆菌引起的一种急性传染疾病，又称出血性败血症，一年四季均可发生，以羔羊最易发生，是养羊生产中最常见的疾病之一。

一、病原特性

多杀性巴氏杆菌是一种革兰氏染色阴性球杆菌或短杆菌（图4-4-1），菌体中央微突，两端钝圆，长0.6～2.5nm，宽0.25～0.6nm，无芽孢，无鞭毛，不运动。兼性厌氧。抵抗力较弱，置于干燥环境或阳光下直射会快速死亡，在60℃经过10min就会被杀死；多数消毒药作用几分钟或者十几分钟即可杀死，其中0.1%升汞水和3%石炭酸能够在1min内将其杀灭，甲醛溶液和10%石灰乳能够在3～4min内将其杀死。在尸体内可生存1～3个月。

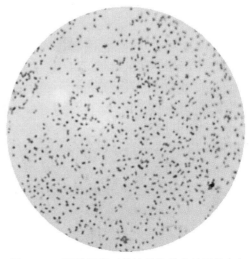

图4-4-1　巴氏杆菌（纯培养物的革兰氏染色）

二、流行病学

气候突变、营养缺乏、长途运输及寄生虫感染等因素，促使机体抵抗力减弱，会导致扁桃体和呼吸道内存在的内源性多杀性巴氏杆菌大量增殖。另外，通过污染病菌的空气、饲料、饮水、器具等，可经外伤、呼吸道、消化道引起外源性感染。若羊抵抗力较弱且感染强毒株，则病菌可快速通过淋巴结侵入血流，在24h以内导致病羊死亡。

三、临床症状

病羊初期采食速度缓慢，食欲显著降低；经过6～12d，有些病羊体温有所升高，精神萎靡，呆立一边，并停止采食。病程后期会发生腹泻，被毛无光泽，怕冷并伴有颤抖。部分妊娠母羊会发生流产，部分会出现腹胀。病羊还会出现无力的干性短咳，先流出稀薄鼻液，后变成黏性。随着症状的加重，会并发胸膜炎和肺炎症状，呼吸急促，口鼻出血（图4-4-2）。临死前，病羊往往卧地不起，体温降低，尤其是四肢发凉，呼吸逐渐困难，拱腰缩背，流口水，最终由于衰竭而发生死亡。死亡羊肝脏有出血性坏死（图4-4-3）。病程一般可持续8～15d，部分能够长达30d。幼羊患病后具有较高的死亡率，成年羊患病通常呈慢性经过。

图4-4-2　部分病羊口鼻出血

图4-4-3　病羊肝脏出血性坏死

四、实验室诊断

1.涂片染色镜检

无菌操作取濒死病羊的心血、肝脏、脾脏等病料制成涂片，分别进行革兰氏染色和瑞氏或美蓝染色，然后进行镜检。革兰氏染色后镜检，能够看到红色球杆菌或短杆菌，多单个存在，少数成对排列。瑞氏或美蓝染色后镜检，能够看到两极着色的球杆菌（图4-4-4），表现为菌体中间染色浅，两端染色深，有荚膜，无鞭毛，无芽孢。

2.细菌分离

病料接种在麦康凯琼脂、胰蛋白胨大豆琼脂（TSA）和血琼脂平板上，置于37℃培养24h，发现麦康凯琼脂平板上没有长出细菌；在TSA平板和血琼脂平板上能够长出露

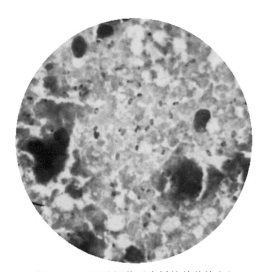

图4-4-4　巴氏杆菌（病料的美蓝染色）

珠样的淡灰白色菌落，呈圆形，表面湿润、光滑，但无溶血现象。挑取单个菌落制成涂片，染色镜检，能够看到革兰氏阴性球杆菌，菌体呈卵圆形，单个存在或成对排列。

3.动物致病性试验

取病菌单个纯菌落接种胰蛋白胨大豆肉汤（TSB）后的培养物悬液，分别腹部皮下接

种5只健康小鼠，每只0.2mL；同时分别给另外5只小鼠腹部皮下接种灭菌的0.2mL TSB作为对照。在相同条件下分群隔离饲养，剖检出现症状及死亡的小鼠，采取病料涂片及细菌分离培养。接种病菌的小鼠会出现发病，表现出精神萎靡，食欲不振，且都在16～48h内发生死亡，但对照组小鼠依旧健康。剖检病死小鼠并取病料组织进行涂片染色镜检及细菌分离培养，得到的细菌形态与原病菌完全一致。

五、防控措施

1. 免疫接种

纯培养的巴氏杆菌可先用生理盐水洗下，接种到肉汤中进行24h增菌培养，接着添加0.8%甲醛进行12h灭活，再添加适量的铝胶即可制成自家菌苗，给全群羊进行接种，每只皮下注射2mL。如果发生疫情，对健康羊以及周边羊群都进行接种。

2. 药物治疗

病羊按每千克体重肌内注射1.5万U硫酸卡那霉素、20mg氟甲砜霉素、4mg地塞米松磷酸钠，每天1次，连用3d。同时每只每次使用3g复方新诺明在饲料中混饲，每天2次，连用5d。另外，全群供给按1：10 000倍稀释的百毒杀溶液，任其自由饮用。

如症状严重，持续高热、停止采食，可再肌内注射3～5mL 10%安乃近，并静脉滴注由250～500mL 5%糖盐水、1g安钠咖、5mL维生素C组成的混合药液，同时配合使用口服补液盐，用于调节体内电解质平衡，在生理指征如体温、呼吸等恢复正常后，要继续进行1～2d的巩固治疗，避免出现复发。

一般来说，病羊采取以上措施进行治疗，经过4d就能够控制住病情，经过1周基本康复。

第五节　羊梭菌性疾病

羊梭菌性疾病是由梭状芽孢杆菌属中的微生物所致的一类疾病，包括羊快疫、羊猝疽、羊肠毒血症、羊黑疫、羔羊痢疾等。其中羊快疫及羊猝疽经常为混合感染，其特征是突然发病死亡，病程极短，几乎看不到症状；胃肠道呈出血性、溃疡性炎症，肠内容物混有气泡；肝肿大、质脆，色多变淡，常伴有腹膜炎。羊梭菌性疾病与巴氏杆菌病、炭疽容易混淆，应注意区别。

一、羊快疫

（一）病原

病原为腐败梭菌，为革兰氏染色阳性的厌氧大杆菌（图4-5-1），大小为$(0.6～0.8)\mu m \times (2～4)\mu m$，不形成荚膜。病羊肝表面触片，经染色、镜检可发现无关节长丝状形态的腐败梭菌。病原

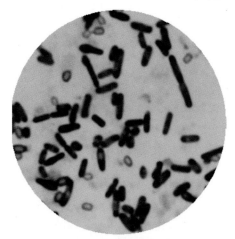

图4-5-1　腐败梭菌的形态

侵入血液可发生菌血症，因此分离培养细菌可采心血和肝等作为病料接种于厌氧肉肝汤。

（二）流行病学

绵羊最易感，山羊、鹿也可感染本病，年龄多在6～18月龄。一般经消化道感染；羊的消化道平时就有腐败梭菌存在，但并不致病。当存在不良的外界诱因（气候骤变、阴雨连绵），羊受寒或采食冰冻带霜的草料，机体抵抗力降低时容易发病。真胃黏膜发生坏死和炎症，该菌可侵入血液循环，刺激中枢神经系统，引起急性休克、迅速死亡。

（三）临床症状

发病突然，病羊常不表现临床症状就突然死亡。病程稍长的病羊腹部膨胀（图4-5-2），有腹痛症状，离群独处，卧地，强迫行走时表现虚弱和运动失调，最后衰竭昏迷而死。

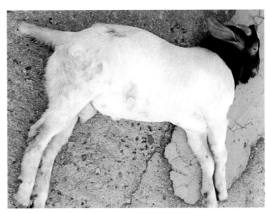

（四）剖检病变

真胃出血性炎症变化显著，黏膜常有大小不等的出血斑块，表面发生坏死，坏死区低于周围正常黏膜，黏膜下组织水肿。胸腔、腹腔、心包有大量积液，暴露于空气易凝固。心内膜和心外膜有多数点状出血。肠道和肺脏的浆膜下也可见到出血。

图4-5-2　发病羊突然死亡，腹部膨胀

（五）诊断

病程急速，生前诊断比较困难。如果羊突发死亡，死后又发现第四胃及小肠等急性炎症，肠内有许多气体（图4-5-3），肝肿胀而色淡，胸腔、腹腔、心包有积水和出血等变化（图4-5-4）时，应怀疑可能是羊快疫或羊猝疽。确诊需进行微生物学检查。

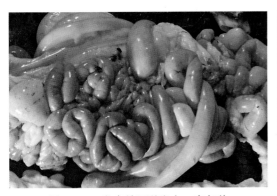

图4-5-3　发病羊肠道出血、有气体

图4-5-4　发病羊心外膜点状出血

死亡羊为菌血症，可检查心血和肝、脾等脏器中的病原菌；本菌在肝脏的检出率较高。经肝脏表面触片染色镜检，常可发现呈无关节的长丝状形态的腐败梭菌。在其他脏器组织的触片中，有时也可发现。必要时可进行细菌的分离培养和实验动物（小鼠或豚鼠）感染。分子生物学和免疫荧光技术可用于本病的快速诊断。

（六）防治

加强饲养管理，避免羊采食冰冻饲料，防止受寒。由于病程短促，通常来不及治疗，因此，必须加强平时的防疫措施。发生本病时，隔离病羊，及时处理死羊。

每年定期注射疫苗。在羔羊经常发病的羊场，母羊在产前进行两次免疫，第一次在产前1～1.5个月，第二次在产前15～30d。

二、羊猝疽

（一）病原

病原为C型产气荚膜梭菌，大小为（1～15）μm×（3～5）μm（图4-5-5），主要产生β毒素，其次为α毒素。在厌氧条件下，可在10%血琼脂培养基上生长。

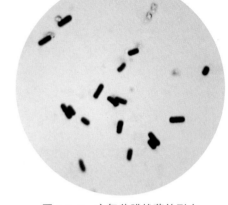

图4-5-5　产气荚膜梭菌的形态

（二）流行病学

发生于成年羊，以1～2岁绵羊发病较多。多发生于冬、春季节。常呈地方流行性。

（三）症状

类似于羊快疫，病程短促，常未及见到症状即突然死亡。有时发现病羊掉群、卧地，表现不安、衰弱，痉挛，眼球突出，在数小时内死亡（图4-5-6）。

（四）病变

十二指肠和空肠黏膜严重充血（图4-5-7）、糜烂，有的肠段可见大小不等的溃疡。胸腔、腹腔和心包大量积液，可形成纤维素絮块。浆膜上有小点出血。

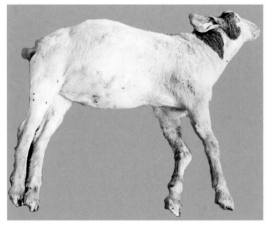

图4-5-6　发病羊衰弱，痉挛，在数小时内死亡

图4-5-7　发病羊肠道出血性变化

（五）诊断

临床初步诊断类似于羊快疫；确诊需进行微生物学和毒素检查。微生物诊断时，从病死羊体腔渗出液、脾脏取材，进行C型产气荚膜梭菌的分离和鉴定；同时用小肠内容物的离心上清液静脉接种小鼠，检测有无β毒素。

（六）防治

同羊快疫防治策略。

三、羊快疫及羊猝疽混合感染

（一）临床表现

主要有最急性型和急性型两种临床表现：

1.最急性型

一般见于流行初期。病羊突然停止采食，精神不振。四肢分开，弓腰，头向上。行走时后躯摇摆。喜伏卧，头颈向后弯曲。磨牙，不安，有腹痛表现。眼羞明流泪，结膜潮红，呼吸促迫。从口鼻流出泡沫，有时带有血色。随后呼吸困难加重，痉挛倒地，四肢呈游泳状，迅速死亡。从出现症状到死亡通常为2～6h。

2.急性型

一般见于流行后期。病羊食欲减退，行走不稳，排粪困难，有里急后重表现。喜卧地，牙关紧闭，易惊厥。粪团变大，色黑而软，其中杂有黏稠的炎症产物或脱落的黏膜；或排油黑色或深绿色的稀粪，有时带有血丝；一般体温不升高。从出现症状到死亡通常为1d左右，也有少数病例延长到数天的。发病率6%～25%，个别羊群高达90%。山羊发病率一般比绵羊低，发病羊多归于死亡。

（二）主要病变

混合感染死亡的羊，营养多在中等以上。尸体迅速腐败，腹围迅速胀大。可视黏膜充血，血液凝固不良，口鼻等处常见有白色或血色泡沫。最急性的病例，胃黏膜皱襞水肿，增厚数倍，黏膜上有紫红斑，十二指肠充血、出血。急性病例前三胃的黏膜有自溶脱落现象，第四胃黏膜坏死脱落，黏膜水肿，有大小不一的紫红斑，甚至形成溃疡；小肠黏膜水肿、充血，结肠和直肠有条状溃疡，并有条或点状出血斑点，小肠内容物呈糊状，常混有许多气泡和血液。肝脏多呈水煮色，肿大，质脆，被膜下常有大小不一出血斑。胆囊胀大，胆汁浓稠呈深绿色。肾盂常蓄积白色尿液；膀胱积尿，量多少不等，呈乳白色。多数病例出现血色腹水。

四、羊肠毒血症

（一）病原

病原为产气荚膜梭菌，多数为A型，少数为C型和D型。该菌为土壤常在菌，也存在于污水中；正常情况下不引起发病。当春末夏秋季节从饲喂干草改换饲喂大量谷类或青嫩多汁和富有蛋白质的草料之后，本菌在肠道内大量繁殖，产生大量毒素而引起肠毒血症。

（二）流行病学

羊肠毒血症表现出明显的季节性和条件性。本病多呈散发，绵羊发生较多，山羊较少。2～12月龄的羊最易发病。发病羊多为膘情较好的。

（三）症状

该病是一种急性毒血症，又称"软肾病"。临床症状特点为突然发作，很少能见到症状，类似羊快疫，故又称"类快疫"。病状可分为两种类型：

图4-5-8 病羊在倒毙前，四肢出现强烈的划动，肌肉搐动

一类以搐搦为特征，病羊在倒毙前，四肢出现强烈的划动，肌肉搐动，眼球转动，磨牙，口水过多，随后头颈显著抽缩（图4-5-8），往往死于2～4h内。

另一类以昏迷和静静地死去为特征，发病羊病程不太急，其早期症状为步态不稳，以后卧倒，并有感觉过敏，流涎，上下颌"咯咯"作响，继以昏迷，角膜反射消失，有的病羊发生腹泻，通常在3～4h内静静地死去。

搐搦型和昏迷型在症状上的差别是因为吸收的毒素多少不一。

（四）病变

病变常限于消化道、呼吸道和心血管系统。真胃含有未消化的饲料。回肠呈急性出血性炎性变化（图4-5-9）。心包常扩大，内含灰黄色液体和纤维素絮块，左心室的心内外膜下有多数小点出血。肺脏出血和水肿。胸腺常发生出血。肾脏比平时更易于软化。

（五）诊断

依据本病发生的情况和病理变化可以初步诊断，确诊需依靠实验室检验。确诊本病根据有以下几点：肠道内发现大量产气荚膜梭菌；小肠内检出 ε 毒素；肾脏和其他实质脏器内发现产气荚膜梭菌；尿检发现葡萄糖。产气荚膜梭菌毒素的检查和鉴定可用小鼠或豚鼠。

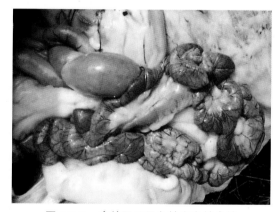

图4-5-9 病羊回肠呈急性出血性炎性

（六）防治

加强饲养管理，少喂菜根菜叶等多汁饲料。隔离病羊，及时处理死羊。定期注射疫苗。

五、羊黑疫

（一）病原

病原为诺维氏梭菌，革兰氏阳性大杆菌，严格厌氧，能形成芽孢，不产生荚膜。本菌分为A、B、C、D四型。A型菌能产生 α、γ、ε、δ 4种外毒素；B型菌产生 ε、β、η、ζ、θ 5种外毒素；C型菌不产生外毒素，此型菌与脊髓炎有关，但无病原学意义；D型菌产生 β 毒素。

（二）流行病学

本菌能使1岁以上的羊感染，以2～4岁的羊发生最多。发病羊多为营养良好的肥胖羊。实验动物中以豚鼠为最敏感，家兔、小鼠易感性较低。本病主要在春夏发生于肝片吸虫流行的低洼潮湿地区。

（三）症状

羊黑疫又名传染性坏死性肝炎，是绵羊和山羊的一种急性高度致死性毒血症。在临床上与羊快疫、羊肠毒血症等极其类似。病程十分急促，绝大多数情况是未见有症状而突然发生死亡。少数病例病程稍长，可拖延1~2d，但没有超过3d的。病羊掉群，不食，呼吸困难，体温41.5℃左右，呈昏睡俯卧，并保持在这种状态下毫无痛苦地突然死去。

（四）病变

病羊尸体皮下静脉显著充血，皮肤外观暗黑色（故名黑疫）。胸部皮下组织常水肿。浆膜腔有液体渗出，暴露于空气易于凝固，液体常呈黄色，但腹腔液略带血色。左心室心内膜下常出血。真胃幽门部和小肠充血和出血。

肝脏充血肿胀，表面有一个到多个凝固性坏死灶，坏死灶的界限清晰，灰黄色，不整圆形，周围常被鲜红色的充血带围绕，坏死灶直径可达2~3cm，切面成半圆形。该特征性的坏死变化具有诊断意义。

（五）诊断

发现急死或昏睡状态下死亡的病羊，剖检见特殊的肝脏坏死变化，有助于诊断。必要时可做细菌学检查和毒素检查。毒素检查可用卵磷脂酶试验。荧光抗体技术也可用来检查诺维氏梭菌。

（六）防治

加强羊的饲养管理，控制肝片吸虫感染。每年定期注射疫苗。病羊可用抗诺维氏梭菌血清治疗。

六、羔羊痢疾

（一）病原

病原为B型产气荚膜梭菌。羔羊在生后数日内，产气荚膜梭菌可通过羔羊吮乳、饲养员的手和羊的粪便而进入羔羊消化道。在外界不良诱因条件下，如母羊怀孕期营养不良，羔羊体质瘦弱；气候寒冷，饥饱不匀，羔羊抵抗力减弱等，细菌大量繁殖，产生毒素致病。

（二）流行病学

羔羊痢疾的发生和流行表现出一系列明显的规律性。本病主要危害7日龄以内的羔羊，其中又以2~3日龄的发病最多，7日龄以上的较少患病。主要是通过消化道感染，也可能通过脐带或创伤感染。

（三）临床症状

羔羊痢疾是初生羔羊的一种急性毒血症，以剧烈腹泻和小肠溃疡为特征。潜伏期为1~2d，病初精神委顿，低头拱背，不想吃奶；不久发生腹泻，粪便恶臭，有的稠如面糊，有的稀薄如水（图4-5-10）；后期有的还含有血液，直到成为血便。病羔逐渐虚弱，卧地不起。若不及时治疗，常在1~2d内死亡。羔羊以神经症状为主者，四肢瘫软，卧地不起，呼吸急促，口流白沫，最后昏迷，头向后仰，体温降至常温以下，常在数小时到十几小时内死亡。

（四）病变

最显著的病理变化见于消化道。第四胃内往往存在未消化的凝乳块，小肠特别是回肠黏膜充血发红，溃疡周围有出血带环绕；有的肠内容物呈血色。肠系膜淋巴结肿胀充血，间或出血。心包积液，心内膜有时有出血点。肺常有充血区域或瘀斑。尸体脱水现象严重。

（五）诊断

根据流行病学、临床症状和病理变化一般可以做出初步诊断。确诊需进行实验室检查，以鉴定病原菌及其毒素。沙门氏菌、大肠杆菌和肠球菌也可引起初生羔羊下痢，应注意区别诊断。

图4-5-10 羔羊腹泻，后躯污染大量稀粪

（六）防治

本病发病因素复杂，应加强保暖、合理哺乳、消毒隔离、定期预防接种和药物防治等措施才能有效防治。发病后，可选用敏感抗菌药物（如强力霉素、磺胺脒等）治疗。

第六节　羊葡萄球菌病

羊葡萄球菌病是由金黄色葡萄球菌引起的局部化脓性疾病，常见表现为脓肿、乳房炎、毛囊炎或脱毛等，严重的可导致败血症。

一、病原特性

致病性葡萄球菌是引起该病的病原，其中金黄色葡萄球菌比较常见。葡萄球菌是一种需氧或者兼性厌氧菌，革兰氏阳性，无鞭毛、荚膜和芽孢，排列成葡萄串状（图4-6-1），接种在脓汁或液体培养基中多呈双球或短链状排列。

抵抗较强，一般在干燥的脓血、尘埃中能够生存长达几个月之久，在80℃高温下需要30min才可灭活，且容易产生耐药性。

毒力因子有：酶（如酯酶、纤维蛋白溶解酶、凝固酶、透明质酸酶、耐热核酸酶等）；毒素（如细胞毒素、肠毒素、表皮剥脱毒素等）；细胞的一些结构蛋白以及细胞壁成分（如黏附素、胞壁肽聚糖、荚膜等）。

二、流行病学

金黄色葡萄球菌在自然环境中广泛分

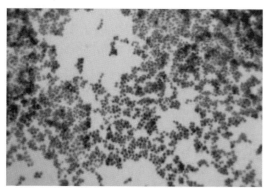

图4-6-1 葡萄球菌（纯培养物的革兰氏染色）

布，如空气、土壤、尘埃、污水中都可存在；羊的体表和鼻咽部也有该菌的存在，属于体表和鼻咽部的一种常在菌。

羊可经多种途径感染该菌，如破损的皮肤或黏膜、呼吸道、消化道、汗腺及毛囊等。在羊抵抗力减弱时，再加之恶劣环境、严重污染、饲养管理水平低下等，都会引起该病的发生。

三、临床症状

1.脓肿

皮下脓肿是最常见的病型，合有糊状或浓稠的灰黄色脓汁，脓肿包囊明显。严重时脓肿破溃可形成脓毒败血症，并转移至其他脏器，形成或大或小的脓肿；其中肺、胸膜发生化脓性炎症时，可进一步引起肺与胸膜粘连。脓汁细菌检查时，可见大量葡萄球菌。

2.乳房炎

乳房发热、肿胀（图4-6-2）。可摸到乳房中有豌豆大至鸡蛋大的坚硬结节。继之，触诊有波动感。乳房中排出一种带有臭味的红色或棕色分泌液。如继发巴氏杆菌感染，乳房分泌物呈水样，含有黄白色絮片。

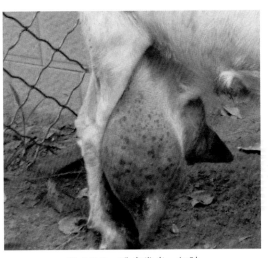

图4-6-2 乳房发炎，红肿

四、实验室诊断

1.涂片检查

取病羊的脓汁作为病料，经过触片、染色、镜检，可见革兰氏阳性呈链状或葡萄串状排列的球菌。

2.分离培养

取病料分别在普通琼脂、查普曼（Chapman）平板及麦康凯平板上接种，置于37℃培养24h，可发现普通琼脂上长出不透明的圆形菌落，呈灰白色，中等大小，隆起，表面湿润，边缘整齐；查普曼平板会长出黄绿色菌落；培养72h菌落会变成金黄色；麦康凯平板上无菌落长出。

3.生化试验

该菌能够使葡萄糖、蔗糖、乳糖、甘露醇、麦芽糖发生分解，能够产酸，不产气，可使硝酸盐还原，但不产生硫化氢、靛基质，兔血浆凝固酶试验、V-P试验、MR试验均呈阳性。

五、防治措施

1.注意消毒

对环境中存在的尖锐、锋利物品最好及时清除，避免划破皮肤。

在分娩、接产及断脐带时应使用碘酊严格消毒。

羔羊断尾和去势时要加强消毒；免疫接种和佩戴耳标时，严格消毒。

发现外伤，及时使用3%～5%碘酊溶液消毒处理，最好每天涂抹2～3次。

2. 清创治疗

及时清除脓肿中的脓汁。

选择敏感抗菌药物（如氨苄青霉素、头孢噻呋等）肌内注射。

如病羊症状较重，病程持续时间较长，可静脉滴注由500mL 5%葡萄糖、0.5g注射用头孢噻呋钠组成的混合药液。

第七节　羊链球菌病

链球菌病是由溶血性链球菌引起的，以发病急、高热和败血症为特征。绵羊最易感染，在冬春季节羊体况比较弱时呈现地方性流行，剖检主要表现咽喉部肿胀、胆囊肿大和纤维素性肺炎。

一、病原与流行特点

溶血性链球菌（图4-7-1）是引起该病的病原，且只会感染羊，绵羊相比于山羊更容易感染，幼龄羊及妊娠后期的母羊容易感染。

该病的主要传染源是病羊和带菌羊。主要通过呼吸道进行传播，还能够经由损伤皮肤及吸血昆虫（如蚊子等）进行传播。

该病的流行呈现明显的季节性，通常在气候寒冷的冬春季节以及缺草、多风季节容易发生，也就是每年的11月到第二年的4月。由于此时气候过于寒冷，羊的抵抗力降低，再加上饲养条件较差，就非常容易发病。

图4-7-1 链球菌

二、临床症状

1. 最急性型

病羊初期表现的症状容易被忽视，往往会在清晨圈舍检查时发现死亡。

2. 急性型

病羊体温明显升高，达41～42℃，精神萎靡，弓背垂头，呆立不动；食欲不振或废绝，反刍停止；眼结膜充血，不停流泪，接着流出浆液性分泌物；鼻腔有浆液性脓性鼻液流出，且不停流涎；咽喉发生肿胀，咽背及颌下淋巴结明显肿大，引起呼吸困难，持续咳嗽；排出混杂黏液或者血液的粪便。妊娠母羊患病后会导致阴门红肿，出现流产。最终因体质衰竭而倒地不起，大部分由于严重窒息而发生死亡。病程一般可持续2～3d。

3.亚急性型

病羊体温有所升高，食欲不振；有透明的黏性鼻液流出，经常咳嗽，呼吸困难；卧地不起，拒绝走动，迫使其行走会呈现步态不稳，如同喝醉样。

三、实验室诊断

1.涂片镜检

在无菌条件下取病死羊的肝脏、肾脏、肺脏组织进行涂片，经过革兰氏染色进行镜检，能够看到呈椭圆形或球形的革兰氏阳性菌，无鞭毛，不形成芽孢，有些能形成荚膜，多单在或呈双链状排列，有时呈短链状排列。

2.分离培养

在无菌条件下取病料接种在血液琼脂平板上，经过24h培养，会长出露珠状的无色细小菌落，且菌落周围存在溶血现象。挑取单个菌落进行镜检，会看到呈链状排列但长短不同的细菌。挑取肉汤培养物制成涂片后进行染色镜检，能够发现大多数为革兰氏阳性的长链球菌。

四、防治措施

1.免疫预防

最有效的措施是及时免疫注射链球菌氢氧化铝疫苗。选择在入冬之前接种，每头用量控制在3mL左右，首免后14～21d还需要再注射1次。

2.应急处理

及时隔离病羊与疑似病羊，严格对羊舍以及各种饲养用具进行消毒。常选择使用3%的来苏儿和10%的石灰乳组成的混合溶液，或者按1：（200～300）比例稀释的复合酚进行消毒。对于清出羊粪以及其他污物必须堆积发酵处理，对于病死羊必须采取无害化处理。

3.药物治疗

根据病羊的症状，主要进行镇痛、消炎、清热，扶正祛邪，提高机体抗病能力。

（1）使用板蓝根注射液（30%长效）进行治疗，体重为25～40kg的中大羊每次肌内注射10mL，症状较轻的每天用药1次，症状严重的每天用药2次，体重较小的羊用量要减半，连续使用2～3d，但要注意妊娠母羊慎用或者禁止使用。

（2）使用穿心莲注射液进行治疗，体重为20～40kg的病羊每次用量为10mL，添加1支160万IU青霉素，混合均匀后肌内注射，体重超过40kg的病羊用量要增加1倍，而体重较小的病羊用量要减半，症状较轻的每天用药1次，症状严重的每天用药2次，连续使用3d。妊娠母羊也可使用该药。

（3）可取10mL 10%磺胺嘧啶钠注射液，10mL安痛定注射液，1支160万IU青霉素，混合均匀后进行肌内注射，以上药量适合体重为25～30kg的病羊使用，体重超过50kg的病羊用量要增加1倍，而体重小于20kg的羔羊用量要减半，每天2次，连用2～3d，且妊娠母羊可使用该药。

（4）如果病羊的口腔发生病变，可使用浓盐水、2%～3%高锰酸钾溶液等对口腔进行冲洗，然后涂抹适量的碘甘油，至少每天用药2次。

第八节　羊支原体肺炎

该病是由支原体引起的羊的一种接触性慢性传染病，以增生性间质性肺炎及胸膜炎为特征。

一、病原特性

病原主要有绵羊肺炎支原体、丝状支原体山羊亚种及山羊支原体山羊肺炎亚种（图4-8-1）。抵抗力较弱，50～60℃下作用40min可被杀死，使用1%的克辽林溶液能够在5min内失活。对链霉素和青霉素不敏感，但对四环素和红霉素敏感。

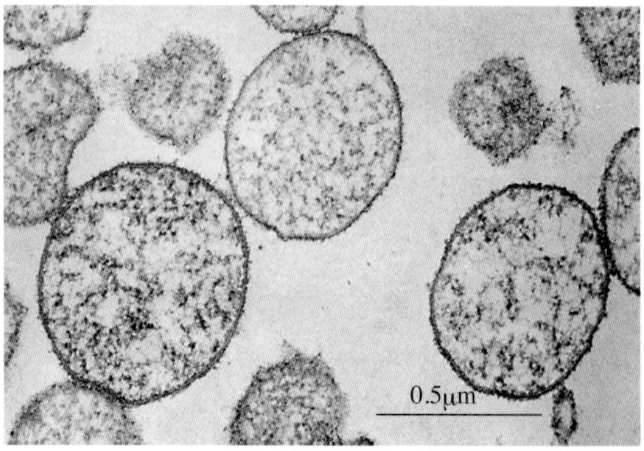

0.5μm

图4-8-1　支原体的形态

二、流行病学

病羊和带菌羊是主要传染源。病羊胸腔渗出液和肺脏组织中存在很多病原，且能够通过呼吸道分泌物排到体外。耐过的病羊肺脏组织中会在较长时间内存在具有活力的病原，并不断排出病原污染周围环境，进而导致易感羊发生感染，这也是该病危害大的原因。

在自然条件下，该病主要经由飞沫传播，由于其具有非常强的接触传染性，导致羊群在出现发病后快速传播，并蔓延至全群，往往呈地方性流行。

三、致病机理

支原体侵入羊呼吸道后，在呼吸道上皮细胞纤毛隐窝内黏附并定植，并能够抵抗纤毛的清除以及吞噬细胞的吞噬。另外，由于表面抗原的变异以及荚膜等抵御吞噬细胞的识别及吞噬，使其无法被机体免疫系统控制。病原体黏附后还能够产生毒素样物质，如溶血素、代谢产物过氧化氢等，能够毒害纤毛及上皮细胞膜，导致纤毛发生脱落，损伤上皮细胞膜，促使呼吸道发生类症反应。

图4-8-2　肺脏某些区域炎症，呈暗红色，附有纤维素渗出物

病原体会在呼吸道大量繁殖，然后侵入肺脏导致支气管炎，并快速进入周围组织，引起纤维素性或者浆液性炎症，随即就会逐渐蔓延至整个肺脏，引起肺脏出现病变，发生大灶性肝变和纤维化。此外，支原体感染机体后引起复杂的免疫学反应，并在其沿着肺脏血管和淋巴管扩散过程中，导致淋巴管内淋巴栓塞，形成血栓以及血管炎，造成肺梗死，而且吸收炎性渗出物，从而引起肺肉变（图4-8-2）。

四、临床症状

病羊精神萎靡，体温升高可达到42℃左右，食欲废绝，停止反刍；夜间频繁咳嗽，通过听诊发现肺泡呼吸音减弱或者完全消失，呈捻发音，肺部叩诊发出实音或者浊音；鼻孔流出浓鼻液（图4-8-3），且附着在鼻孔及上唇，干燥后形成棕色痂垢；对胸壁进行按压，羊感到疼痛，呼吸困难，呈明显的腹式呼吸，且每次呼吸都会导致全身颤动。

图4-8-3 发病羊鼻孔流出浓鼻液

眼睑发生肿胀，持续流泪，眼结膜呈紫色，眼帘附着块状分泌物；卧地不起，伸直头颈，口半张开，经常磨牙（图4-8-4），有泡沫状唾液流出，发出痛苦呻吟，尿液发黄，脉搏达到每分钟100次，机体日渐消瘦（图4-8-5），被毛发生脱落，皮肤呈紫色，目光呆滞，眼球下陷，四肢伸直且没有反应。对于急性病羊，病程可持续1~3d，最后全部死亡；病程持续7~15d的病羊，有些发生死亡。

图4-8-4 发病羊咳嗽、喷鼻，虚弱，磨牙

图4-8-5 发病羊生长缓慢，消瘦

五、实验室诊断

1.病理切片

取明显病变的肺脏组织，用10%甲醛进行固定，经过24h做成石蜡包埋切片，通过姬姆萨染色镜检，能够看到被染成淡紫色的病原体，呈多种形态，如丝带状、椭圆形、球状、三角形等；肺泡、肺间质中有大量的纤维素渗出，相互缠绕在一起，黏附少量的脱落上皮，且浸润有大量的中性粒细胞。

2.染色镜检

在无菌操条件下，取病羊的肺门淋巴结及胸腔穿刺液进行触（涂）片，接着分别进行姬姆萨、革兰氏染色，在倍镜下能够看到球状、杆状、纤细丝状等形状的病原体。

3.分离培养

将病料接种在牛血清琼脂培养基上，置于37℃培养，经过106h长出细小菌落，成半透明的微黄褐色，且中心突起，类似"煎蛋"状。

六、防治措施

1. 免疫接种

使用羊支原体灭活苗进行定期免疫预防。一般来说，6月龄以内的羊每只皮下或肌内注射3mL疫苗，6月龄以上的羊每只接种5mL疫苗，免疫保护期可达1年。

2. 药物治疗

病羊可按体重使用20mg/kg注射用酒石酸泰乐菌素，添加适量的5%葡萄糖溶液进行稀释，然后采取静脉注射，每天1次，连续使用3d。

也可按体重使用45mg/kg注射用乳糖酸红霉素，添加适量的5%葡萄糖液或者注射用水进行稀释，然后采取肌内注射，每天1次，连续使用3d。

也可按体重使用30mg/kg由麻黄鱼腥草、替米考星组成的药物，混合均匀后内服。

第九节　羊衣原体病

衣原体病是由衣原体引起多种动物的人兽共患传染病。发病羊以临床发热、流产、死产和产出弱羔为特征。在疾病流行期，部分病例表现多发性关节炎、结膜炎、脑炎等。各种品种、性别和年龄大小的羊均可感染，妊娠母羊比较容易发病，呈现"羊地方流行性流产"。

一、病原特性

衣原体属于衣原体科衣原体属，其中常见的是鹦鹉热衣原体以及牛羊亲衣原体。呈圆球形小体（图4-9-1），并可在宿主细胞内不断增殖（图4-9-2）；细胞外部的原生小体（原体）大小为300nm，细胞内部的初级小体（始体）大小为700～1 200nm；革兰氏染色呈阴性，姬姆萨染色着色明显。

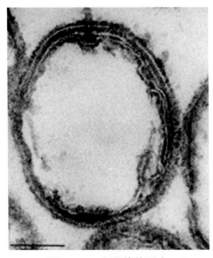

图4-9-1　衣原体的形态

圆球形或椭球形，0.2～0.3μm

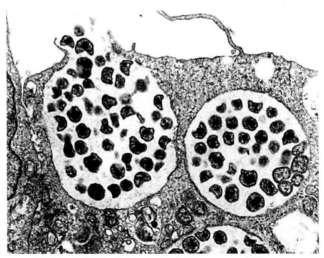

图4-9-2　专性细胞内寄生的衣原体

抵抗力较弱，不耐热，怕干燥；对70%酒精、0.5%石炭酸、3%氢氧化钠、0.1%甲醛水溶液敏感，乙醚处理30min可失活；对土霉素、青霉素、四环素、金霉素、磺胺比较敏感，但能够抵抗氨基苯甲酸、链霉素。

母羊流产后的胎盘以及子宫分泌物中含有病原，接种6～8日龄鸡胚内能够生长良好，3～8d鸡胚死亡。

二、临床症状

潜伏期50～90d。

感染母羊妊娠中后期流产、死产或者产出生命力较弱的羔羊，产前多无明显征兆。母羊流产后常会发生胎衣滞留，持续数天有分泌物从阴道排出；部分病羊由于继发细菌感染导致子宫内膜炎而死亡。初次发病羊群，流产率可达25%～35%，之后会有所降低。对于发生过流产的母羊，通常不会再次发生流产。公羊多见附睾炎、睾丸炎等。

三、剖检变化

剖检流产母羊可见胎膜水肿，子叶呈黏土色或黑红色，周围附着棕红色渗出物；颈部、胸部皮下发生黄色胶样浸润；肺脏存在出血性纤维素性炎症，肉样病变，表面有出血点；胸腹腔有淡黄色乃至红黄色的液体；心脏松弛，心肌煮肉样病变，心冠脂肪水肿如胶冻样；肝脏轻度萎缩，呈紫褐色，被膜散布有灰白色的坏死点；脾脏轻度萎缩，表面出血点。流产的胎儿水肿，皮肤和黏膜存在小点出血，腹腔积液，血管充血，气管黏膜散布有出血点，肝脏肿胀、充血。

四、实验室诊断

1.细菌学检查

取流产的胎衣或胎儿的肝、脾、肺等组织直接进行涂片、姬姆萨染色及镜检，可发现多核巨噬细胞内存在很多不同大小的衣原体始体和原体，且被染成蓝色或者紫色。

2.病原分离

取病料用灭菌生理盐水（每毫升含500万U链霉素和500万U卡那霉素）10倍稀释并研磨，置于4℃放置4h；低速离心，吸取上清液接种7日龄鸡胚（0.1mL），37℃培养，每天观察2次；死亡鸡胚发生水肿，绒毛尿囊膜明显增厚，且存在出血点，卵黄膜血管充血。取卵黄囊膜制成抹片，经过姬姆萨染色、镜检，能够看到散布有大量的衣原体。

五、防治措施

1.加强管理

合理搭配饲料，确保饲草料质量良好。不可饲喂霉烂变质的青贮饲料。

2.药物治疗

病羊可按体重肌内注射0.05mL/kg氟苯尼考，每2d 1次，连用3次。也可按体重肌内注射0.03mL/kg盐酸林可霉素，每天1次，连用3次。

第十节 羊副结核病

羊副结核病又称副结核性肠炎、稀屎痨，是羊的一种慢性接触性传染病，分布广泛。在青黄不接、草料供应不上及羊体质不良时，发病率上升。转入青草期，病羊症状减轻，病情好转。

一、病原特性

该病的病原为副结核分支杆菌，具有抗酸染色特性（图4-10-1），对外界环境的抵抗力较强，在污染的牧场、圈舍中可存活数月，对热抵抗力差，75%酒精和10%漂白粉能很快将其杀死。

图4-10-1 副结核分支杆菌抗酸染色阳性

二、流行特点

副结核分枝杆菌主要存在于病羊的肠道黏膜和肠系膜淋巴结，通过粪便排出，污染饲料、饮水等，经消化道感染健康羊。

幼龄羊的易感性较大。羊大多在幼龄时感染，经过很长的潜伏期，到成年时才出现临床症状，特别是当机体抵抗力减弱，饲料中缺乏无机盐和维生素时，容易发病；呈散发或地方性流行。

三、临床症状

病羊间断性或持续性腹泻（图4-10-2），粪便呈稀粥状，体温正常或略有升高，后期逐渐变为经常性而又顽固的腹泻；发病数月后，病羊消瘦、衰弱、脱毛、卧地；患病末期可并发肺炎，多数归于死亡。病程长短不一，短的病程4～5d，长的可达70d，一般是15～20d。

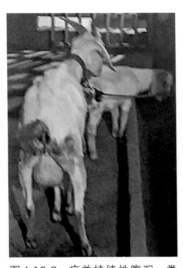

图4-10-2 病羊持续性腹泻，粪便呈稀粥状

四、剖检变化

尸体消瘦。病变局限于消化道，回肠、盲肠和结肠的肠黏膜整个增厚或局部增厚，形成皱褶，像大脑皮质的回纹状；肠系膜淋巴结坚硬，色苍白，肿大呈索状（图4-10-3）。

图4-10-3 病羊肠黏膜增厚，肠系膜淋巴结坚硬

五、防治措施

本病无治疗价值，但可采取如下措施进行控制，以减少损失。

1.加强检疫

对羊群用提纯的副结核菌素通过变态反应进行检疫，每年检疫4次。

（1）凡变态反应阳性而无临床症状的羊，立即隔离，并定期消毒。

（2）无临床症状但粪便检菌阳性者扑杀。

（3）非疫区（场）应加强卫生措施。

（4）引进种羊应隔离检疫，无病才能入群。

2.免疫接种

对感染羊群接种副结核灭活疫苗，可以使本病得到控制。

3.卫生消毒

病羊的圈栏、用具用20%漂白粉或20%石灰乳彻底消毒，空闲1年后再引入健康羊。

第十一节　羊伪结核病

伪结核病是由伪结核棒状杆菌感染而引起羊的一种化脓性淋巴结炎，由于眼观上与结核病结节相似，故称伪结核病。有时脓肿也见于肺、肝、脾和子宫角等脏器，因脓汁如干酪，故又称干酪样淋巴结炎。

一、病原特性

伪结核棒状杆菌是一种革兰氏染色阳性多形性杆菌，球状至杆状，单在或呈栅状或丛状排列（图4-11-1），大小为（0.5～0.6）μm×（1.0～3.0）μm。不运动，无荚膜，不产生芽孢。

需氧和兼性厌氧菌，普通培养基上能生长，在血清琼脂或鲜血琼脂上生长良好。在固体培养基上，本菌呈球杆状集合成丛；在陈旧培养基上，常呈多形性。化脓灶的细菌多形性明显：在新鲜脓汁中杆状占优势，陈旧脓汁中以球状占优势，美蓝染色着色不均。

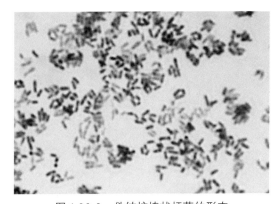

图4-11-1　伪结核棒状杆菌的形态

本菌能产生外毒素和内毒素。外毒素可致死豚鼠、小鼠和家兔；内毒素可损害红细胞和血管内皮细胞。本菌对干燥有抵抗力，在自然环境中能够存活较长时间，对热敏感，经60℃10min死亡，普通消毒药能将其迅速杀死。

二、流行病学

伪结核棒状杆菌存在于土壤、肥料、肠道内和皮肤上。病羊和带菌羊体内的病菌可随粪便排出并污染环境。羊主要经皮肤创伤而感染，也可通过消化道、呼吸道及吸血昆虫感染。病羊体表脓肿破溃后，其脓汁可污染羊舍、运动场、环境和健康羊被毛。

世界许多国家的养羊地区均有此病存在。山羊最易感，绵羊也可发病；常为散发或地方性流行，有的羊群发病率很高，可达15%。以群养舍饲的羊多发，公羊和母羊均受侵害。

三、发病机理

该菌首先感染皮肤伤口，随之扩散到局部淋巴结，并引起化脓，以后可通过淋巴或血液播散于各脏器，引起转移性脓肿。感染的皮肤伤口常无明显变化，即使化脓一般都会自然恢复，约20%病例的淋巴结发生化脓。

细菌到达淋巴结时，在局部引起多量中性粒细胞集聚，随即淋巴结的固有组织和白细胞都发生坏死崩解，变为无结构的干酪样物质，内含崩解的细胞核碎片及细菌凝块，若时间较久，则会有钙盐沉积。在坏死灶的外围，有一层由巨噬细胞、上皮样细胞形成的带状区包裹，其外还有一层含有较多淋巴细胞的结缔组织包囊。以后包囊的新生肉芽组织又发生干酪样坏死，并被巨噬细胞、上皮样细胞和结缔组织构成的包囊所环绕，如此反复进行，便形成同心层的结构，特别是钙盐在不断扩大的病灶边缘层沉积时，这层结构会更为明显。淋巴结脓肿的直径一般为4～5cm，有时可达15cm。体表淋巴结脓肿可压迫局部皮肤，使其萎缩和脱毛，脓肿也可破溃或形成瘘管向外排脓。

四、临床症状

本病的潜伏期长短不一。按病变部位，可分为体表型、内脏型和混合型。

1.体表型

此型较多见，表现为体表淋巴结肿胀化脓，但全身症状一般不明显。病变多发生于颈浅（肩前）和髂下（股前）淋巴结（图4-11-2），但也见于颌下、乳房等淋巴结。淋巴

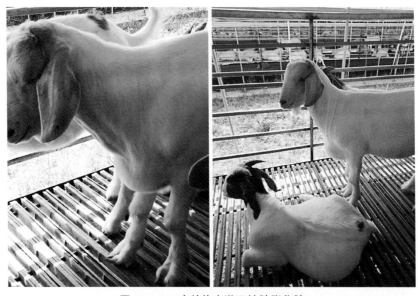

图4-11-2　病羊体表淋巴结肿胀化脓

结逐渐肿大，呈圆形或椭圆形，大小如乒乓球，甚至拳头大，最后可破溃化脓，其脓汁最初较稀，以后变得黏稠，呈淡黄绿色。破溃处可结痂自愈或形成瘘管。有时可见几个体表淋巴结同时发生脓肿。

2. 内脏型

病羊常有体温升高、消瘦、食欲减退、咳嗽等症状，最后可因恶病质而死亡。死后剖检发现体内淋巴结或内脏形成脓肿，脓汁如豆腐渣或干酪样病变。

3. 混合型

兼有体表型和内脏型的症状。病羊体表多处出现脓肿，全身症状较重，体弱无力，食欲减退，咳嗽，腹泻，最后虚弱而死。病程较长。

五、病理变化

尸体消瘦。体表淋巴结肿大，内含化脓性干酪样坏死物，脓肿切面可见钙化灶、结缔组织条索，有时切面呈同心层结构；脓肿外围有明显的厚包囊。上述脓肿也见于肺、肝、脾、肾等处。组织上，脓肿中的脓汁主要为坏死物质，有密集的核碎片，外围是肉芽组织和厚层纤维结缔组织构成的包囊。

六、诊断

对未死亡的发病羊，根据临床症状和脓肿破溃后排出的淡黄绿色脓汁；对死亡羊，根据脓肿的病理特征，可做出初步诊断。

脓汁涂片、染色、镜检，如为革兰氏阳性，抗酸染色为阳性，呈多形性特征，可初步怀疑为伪结核棒状杆菌。必要时再进一步做细菌分离培养和鉴定，即可确诊。

本菌需与放线菌病和结核病相鉴别。放线菌病的脓汁中含有"硫黄颗粒"，而结核病灶内可发现抗酸菌。也应注意与其他棒状杆菌(如化脓棒状杆菌等)相鉴别。

七、防治措施

预防本病的主要措施是对环境、用具进行定期消毒。病羊要隔离治疗，最好不要让脓肿自行破溃，以防脓汁污染环境。目前尚无有效疫苗进行预防接种。

对没有全身症状的体表型病羊，及时切开脓肿排脓，用双氧水和生理盐水先后冲净脓腔，最后涂擦碘酊，间隔3～5d处理一次，一般2～3次即可治愈。

对有全身症状的病羊，可用敏感药物（如头孢噻肟、硫酸新霉素、氟苯尼考、环丙沙星等）肌内注射。

第十二节　羊李氏杆菌病

羊李氏杆菌病又称转圈病，是由单核细胞增生李氏杆菌通过消化道、呼吸道及损伤的皮肤等途径感染引起的一种传染性疾病；发病率低，但病死率很高。主要表现为短期发热，精神抑郁，食欲减退，多数病例表现脑炎症状，孕羊可出现流产。

一、病原特性

单核细胞增生李氏杆菌是一种革兰氏阳性短小杆菌（图4-12-1），大小（04～05）μm×（1～2）μm两端钝圆，多单在，有时排列呈V形；无荚膜，无芽孢，周身有鞭毛。可生长的温度范围广，4℃能缓慢生长；pH 5.0～9.6均能生长。对食盐耐受性强；对热的耐受性比大多数无芽孢杆菌强；一般消毒剂均可灭活。对青霉素有抵抗力，对链霉素、四环素和磺胺类等药物敏感。

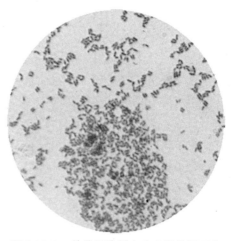

图4-12-1　单核细胞增生李氏杆菌的形态

二、流行病学

易感动物范围很广，几乎各种家畜、家禽和野生动物均可通过消化道、呼吸道及损伤的皮肤而感染。通常呈散发性，发病率低、病死率很高。

三、临床症状

病羊短期发热，精神抑郁，食欲减退，多数病例表现脑炎症状，如转圈、倒地、四肢呈游泳姿势、颈项强直、角弓反张、颜面神经麻痹、嚼肌麻痹、咽麻痹、昏迷等（图4-12-2）。孕羊可出现流产。羔羊多以急性败血症而迅速死亡，病死率很高。

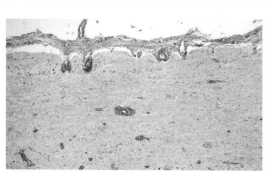

图4-12-2　发病山羊颈项强直、转圈

四、病理变化

一般没有特殊的肉眼可见病变。有神经症状的病羊，脑及脑膜充血（图4-12-3、图4-12-4）、水肿，脑脊液增多，稍浑浊。流产母羊都有胎盘炎，表现子叶水肿坏死，血液和组织中单核细胞增多。

图4-12-3　单核细胞增生李氏杆菌引起的亚急性脑膜脑炎（延脑）病变

脑膜和神经实质有明显的炎症反应（HE染色，4×10）（Selwyn Arlington Headley, et al. 2013）

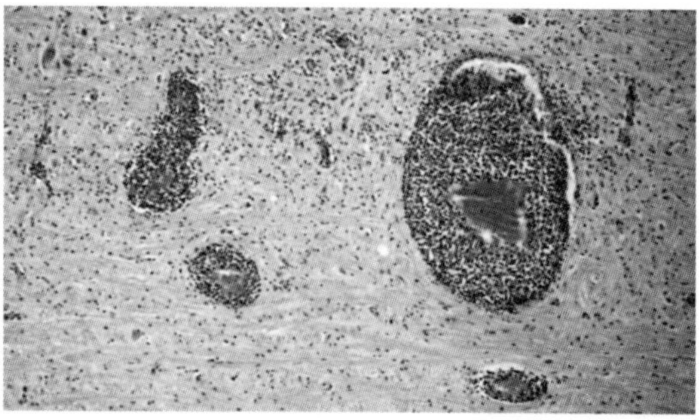

图4-12-4　单核细胞增生形成的血管周围袖套（HE染色，10×10）（Selwyn Arlington Headley, et al. 2013）

五、诊断

根据病羊的临床症状，可做出初步诊断，确诊则需要通过实验室检查。采取肝脏、脾脏、脊髓液等病料涂片，经革兰氏染色后，置于显微镜下检查，如见有疑似的李氏杆菌，结合有神经症状或流产可以做出诊断。必要时应进一步分离培养细菌。

该病应与具有神经症状的疾病相区别，如羊的脑包虫病（病羊仅有转圈或斜着走等症状，病情发展缓慢）。

六、防治措施

1. 预防

加强饲养管理，消灭啮齿类动物；病羊隔离治疗，其他羊使用药物预防；深埋处理病羊尸体，使用5%来苏儿对污染的环境和用具等消毒。

2. 治疗

应用磺胺类药物与抗生素并用疗效较好，如磺胺嘧啶钠、氨苄青霉素、链霉素、庆大霉素等。

病羊出现神经症状时，可使用镇静药物（如盐酸氯丙嗪）治疗，按每千克体重1～3mg剂量，肌内注射。

第十三节 羊弯曲杆菌病

羊弯曲杆菌病是由弯曲杆菌引起的一类疾病，主要导致羊暂时性不育和流产。

一、病原特性

弯曲杆菌为革兰氏阴性菌，菌体细长弯曲呈弧形、S形、海鸥样形态（图4-13-1），大小为（0.2～0.5）μm×（1～5）μm，主要包括胎儿弯曲杆菌（胎儿亚种和性病亚种）、空肠弯曲杆菌、唾液弯曲杆菌黏膜亚种等。

二、流行病学

胎儿弯曲杆菌对人和动物均有感染性，羊感染后可引起流产，病菌主要存于流产胎儿以及胎儿胃内容物中。

空肠弯曲杆菌可引起人和动物的腹

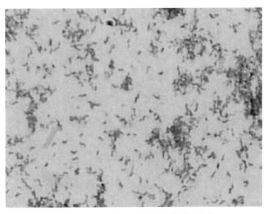

图4-13-1 空肠弯曲杆菌的形态

泻，也可引起绵羊的流产，病菌主要存在于流产绵羊的胎盘、胎儿胃内容物以及血液和粪便中。临床健康羊的肠道中也可以携带空肠弯曲杆菌。

患病羊和带菌羊是传染源，主要经消化道感染。绵羊流产常呈地方性流行，在一个地区或一个羊场流行 1 ～ 2 年或更长一些时间后，可停息 1 ～ 2 年，然后又重新发生流行。

三、临床症状

感染母羊发生阴道卡他性炎症，黏液分泌增多，黏膜潮红。妊娠母羊多于后期（第 4 ～ 5 个月）发生流产，娩出死胎、死羔或弱羔；流产的母羊一般只有轻度先兆（有少量阴道分泌物）而易被忽视；流产后阴道排出黏脓性分泌物。大多数流产母羊很快痊愈，但发情周期不明显，在感染 6 个月后才可再次受孕；少数母羊由于死胎滞留而发生子宫炎或子宫脓毒症，病死率约 5%。

四、病理变化

病死羊可见子宫炎、腹膜炎和子宫积脓。流产胎儿皮下水肿，肝脏有坏死灶。

五、诊断

根据病羊的临床症状，可做出初步诊断，确诊则需要通过实验室检查。取流产的新鲜胎衣子叶和胎儿胃内容物做涂片、染色、镜检，可见革兰氏阴性的弯曲杆菌。也可将病料接种于鲜血琼脂平板或卡布培养基，置于 5% 氧、10% 二氧化碳和 85% 氮环境下（也可用烛缸法），37℃ 培养。

六、防治措施

1. 预防

流产母羊应隔离治疗；无害化处理流产胎儿、胎衣、粪便、垫草及污染物；流产地点及时消毒除害；染病羊群中的羊不得出售。流行地区用当地分离株制备弯曲杆菌多价灭活菌苗，可有效预防流产。

2. 治疗

可用四环素等口服治疗。四环素按每天每千克体重 20 ～ 50mg，分 2 ～ 3 次服完。

第十四节　羊破伤风

羊破伤风是一种急性中毒性传染病，是因创伤感染破伤风梭菌而导致。主要特征是食欲废绝，咬牙，流涎，反刍停止，四肢强直，类似木马，具有非常高的病死率。

一、病原特性

破伤风梭菌菌体细长（图 4-14-1），大小为（0.5 ～ 1.1）μm×（2.4 ～ 5.0）μm，周身鞭毛，能形成圆形末端芽孢。繁殖体呈革兰氏阳性，形成芽孢后易变成革兰氏阴性；芽孢抵抗力较强。适宜生长温度 37℃、pH 7.0 ～ 7.5。厌氧条件下能够分泌破伤风痉挛毒素（导致机体出现典型症状）、溶血毒素（导致局部组织坏死）及非痉挛性毒素（导致神经末梢麻痹）。

二、流行病学

不同品种、性别、年龄的羊发病情况类似。没有明显的季节性，必须有创伤才能感染，特别是较深的闭合性创伤、创面损伤复杂时更容易发病。羊通常是由于外伤、断脐、去角、阉割、分娩及胃肠黏膜损伤等感染病菌；母羊通常在产死胎或发生胎衣不下的情况下发病，或由于助产时没有经过严格消毒，也能够引起该病。

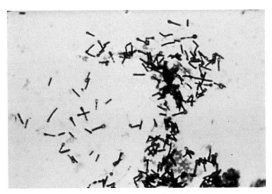

图4-14-1　破伤风梭菌的形态

三、临床症状

初期，病羊食欲和饮欲废绝，流涎，反刍停止，呼吸困难，张口呼吸，但体温基本正常。伴有轻微瘤胃臌胀，接着腹部紧缩，四肢强直，关节不易屈曲，呈木马状站立；行动障碍，牙关紧咬；严重时呈角弓反张（图4-14-2）。

图4-14-2　病羊瘤胃臌胀，四肢强直，角弓反张

四、防治措施

1. 及时清创

将伤口处的污物和异物清除干净，再使用2%高锰酸钾溶液进行冲洗、消毒，然后涂搽适量的鱼石脂和碘酒，每2d 1次，连续进行3d。

2. 药物预防

肌内注射破伤风抗毒素(共计5万U)；肌内注射含5支80万IU青霉素和5支100万U链霉素的温热生理盐水。发病羊治疗价值不大。

第十五节　羊 炭 疽

炭疽是由炭疽杆菌引起的一种急性、热性、败血性人兽共患传染病，呈散发性或地方性流行。病羊体内以及排泄物、分泌物中含有大量的炭疽杆菌。

一、病原特性

炭疽杆菌是一种大型杆菌，长3~8μm，宽1~1.5μm，无鞭毛，不运动。在自然界主要以芽孢形式存在，一般当炭疽杆菌在温度适宜（12~42℃）范围内接触空气就会形成芽孢，且形成芽孢后使用消毒药较难杀灭。在患病动物体内主要以繁殖体形式存在，即处于生长、繁殖状态，可形成荚膜。

二、流行病学

在自然感染情况下，易感性最强的是绵羊、山羊、牛、马，较弱的是水牛、骆驼及野生草食动物，而猪较少感染。

病羊是主要传染源，病菌可经由唾液、尿液、粪便以及天然孔出血等方式排到体外，形成芽孢后可长时间存活。羊主要是通过食入污染病菌的饮水、饲草和饲料而感染。

三、临床症状

羊突然发病，表现为昏迷，无法稳定站立，全身痉挛。体温明显升高，可达到42℃左右，黏膜发绀，呼吸困难，临死时天然孔出血。

病程稍长的病羊，初期会表现出暂时性的兴奋不安，接着萎靡不振，停止采食，呼吸急促，心跳加速，并排出混杂血液的粪便和尿液。

四、实验室诊断

无菌操作取病死羊的静脉血制成抹片，经过美蓝染色置于油镜下观察，在视野中能够清晰地看到均匀分布的呈单在或短链的炭疽杆菌，菌体两端平直，有荚膜。革兰氏染色为阳性。

五、防控措施

1.免疫预防

对于疫区或经常发生该病的地区，易感羊每年都要进行预防免疫接种，一般选择使用无毒炭疽芽孢苗，接种14d后能够形成免疫力，可持续保护1年。

2.应急处理

立即严格封锁发病羊场，对疑似病羊采取隔离措施。

对死亡羊无害化处理，严禁剖检、剥皮和食用。

污染病菌的垫料、饲草要焚烧处理。

污染的羊舍、圈栏及地面等可用10%的热氢氧化钠溶液、0.1%的升汞溶液、5%的碘酊或20%～30%的漂白粉溶液进行全面消毒，且按规定停止使用2～3年。

3.药物治疗

对疑似病羊，可选用100万IU青霉素，每天分成2次注射，连用3d。也可使用其他抗菌药物治疗，如磺胺类药物、土霉素、链霉素等。

对全群羊，在饲料内添加适量的抗菌药物混饲，连续使用3d，能够在一定程度上预防发病。

第十六节　羊乏质体病

乏质体病，旧称边虫病，是由乏质体（又称无浆体）引起的反刍动物以高热、贫血、黄疸和渐进性消瘦为特征的传染病。

一、病原特性

乏质体是一类专性寄生于脊椎动物红细胞中的无固定形态的微生物。最初被认为是原虫，俗称边虫；但之后的研究不支持这一观点。1957年将乏质体划分为立克次体目乏质体科乏质体属的成员。

乏质体是反刍动物容易感染的一种细胞内寄生菌。幼龄羊比较容易感染，这是由于其免疫系统没有发育成熟；而成年羊通常呈隐性感染。

二、流行病学

主要传染源是病羊及带菌羊。

蜱是该病的主要传染媒介，经成虫蜱吸血而传播。另外，多种吸血昆虫，如厩蚊、厩蝇、牛虻等也能够传播该病。

幼龄羊易发病，大于2岁的羊发病率和病死率较低。一般在每年9月开始发生，10月达到发病高峰，可持续到第二年的3月。羔羊一般不发病，但会影响羔羊的生长发育。

三、临床症状

潜伏期34～36d。病羊体温升高，可达39～41℃，呈现无规则热；精神萎靡，食欲不振，排粪正常或发生便秘；有时还会发生下痢，排出金黄色粪便。

眼睑、两颊、咽喉及颈部水肿，体表淋巴结轻微肿大，有时会伴有瘤胃臌胀，全身肌肉震颤。可视黏膜、体表皮肤、乳房苍白，尤其是眼结膜呈瓷白色，且发生轻度黄疸，接着眼结膜变得苍白，发生黄染，不停流泪，同时流出鼻液，往往独自离群呆立或者卧于地上，机体日渐消瘦。症状严重时，呼吸急促，心跳加速。

单一感染该病原的羊，具有较低的发病率和死亡率，有些羊感染通常呈隐性经过。但如果出现继发感染或者混合感染就会导致死亡率升高。

四、剖检变化

特征症状与病变为机体消瘦，血液稀薄如水，且由于贫血导致组织苍白、黄疸，脾脏发生肿大。

若病羊急性死亡，机体不存在明显消瘦的现象；当病程持续时间较长时，才可见机体消瘦，可视黏膜苍白，会阴部、乳房往往会呈明显的黄色，阴道黏膜有斑点状或丝状出血，皮下组织存在胶样黄色浸润。肩前、颌下以及乳房淋巴结明显肿大，存在斑点状出血。心脏发生肿大，心肌色淡且质地变软；心包积液，冠状沟和心内外膜存在斑点状出血。脾脏肿大，可达到正常大小的3～4倍，被膜下出现散在的点状出血，实质软化，切面存在暗红色颗粒状病灶。肺脏瘀血，水肿，存在鲜红色或紫红色斑点，少数会发生气肿。肝脏呈黄褐色或者红褐色，明显肿大。胆囊有所肿大，含有暗绿色的浓稠胆汁。肾脏通常呈褐色，也发生肿大，且被膜容易剥离。膀胱存在积尿，但尿液颜色正常。第四胃发生出血性炎症病变，大、小肠黏膜发生炎症，有散在斑点状出血。

五、实验室诊断

活病羊，颈静脉采血制成血液涂片；死亡病羊，采集心血或脾脏、肝脏制成涂片。自然干燥后使用甲醇固定，再使用姬姆萨或瑞氏染液进行常规染色，干燥后即可用于镜检。使用油镜观察，能够看到大量红细胞内都存在 1~9 个数量不同的乏质体。乏质体通常在红细胞的边缘分布，也有个别在红细胞的中央分布。

临床上通常采集病羊颈静脉血液，生理盐水 10 倍稀释后滴于载玻片上，加盖玻片后直接镜检；感染的红细胞呈星芒状或锯齿状（图 4-16-1），可做摇摆、扭转、翻滚等运动。

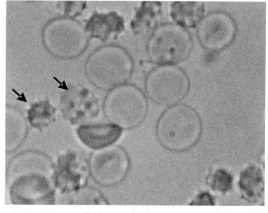

图 4-16-1 显微镜下观察感染的红细胞（未染色）

六、防治措施

1. 药物治疗

病羊可静脉注射由 2 000mL 5% 葡萄糖生理盐水、250 万~400 万 U 四环素注射液组成的混合液，每天 1 次。

病羊还可肌内注射强力霉素、土霉素、维生素 B_1。或口服硫酸亚铁丸进行治疗，如按体重肌内注射 12mg/kg 土霉素粉针剂，每天 1 次，连续使用 7d；或者按体重使用 3mg/kg 强力霉素，添加适量 5% 葡萄糖注射液溶解配制成 0.1% 浓度的混合药液后进行缓慢静脉注射，每天 1 次；病羊还可按体重注射 2mg/kg 咪唑苯脲，每 2d 1 次。

2. 加强饲养管理

羊舍等环境要加强卫生管理，且在吸血昆虫频繁活动的夏季，可每周对环境喷洒 1 次杀虫剂，或按体重给羊皮下注射 0.3mg/kg 伊维菌素。

在每年的 3—10 月要定期彻底杀灭羊体外寄生虫，防止成蜱叮咬而传播疾病。另外，主要是防止通过饲草和用具携带蜱虫进入圈舍，可喷洒适量的 0.1% 温辛硫磷乳剂或 2% 敌百虫（邻氨基苯甲酸）等，能够有效灭蜱。

第五章

重 要 病 毒 病

第一节 小反刍兽疫

　　小反刍兽疫，又名小反刍兽假性牛瘟、肺肠炎、口炎肺肠炎复合症，是由小反刍兽疫病毒引起的一种急性病毒性传染病，主要感染小反刍动物（图5-1-1），以发热、口炎、腹泻、肺炎为特征，是严重危害畜牧业生产安全的重大动物疫病之一。

图 5-1-1　发生小反刍兽疫的羊群，精神沉郁

一、分布危害

　　自1942年首次在西非象牙海岸的科特迪瓦发现小反刍兽疫后，非洲的塞内加尔、加纳、多哥、贝宁等陆续有本病报道，并造成了重大损失。亚洲的一些国家也报道了本病，根据国际兽疫局（OIE）1993年《世界动物卫生》报道，孟加拉国的山羊、印度部分地区的绵羊中发生该病。1993年，以色列第一次报道有小反刍兽疫发生，传染来源不明；为防止本病传播，以色列对其北部地区的绵羊和山羊接种了牛瘟疫苗。1992年，约旦的绵羊和山羊中发现了本病特异性抗体，次年有11个农场出现临诊病例，100多只绵羊和山羊死亡。1993年，沙特阿拉伯首次发现133个病例。2013年以来，全球有26个非洲国家、16个亚洲国家以及地处欧亚交界的土耳其共43个国家报告发生小反刍兽疫，对全球养羊业形成巨大威胁。我国也有小反刍兽疫的发生。

二、疾病病原

小反刍兽疫病毒属副黏病毒科麻疹病毒属，与牛瘟病毒有相似的物理化学及免疫学特性。

病毒粒子呈多形性，通常为粗糙的球形。病毒颗粒较牛瘟病毒大，核衣壳为螺旋中空杆状并有特征性的亚单位，有囊膜。

该病毒可在胎绵羊肾细胞、胎羊及新生羊的睾丸细胞、Vero细胞上增殖，并产生细胞病变(CPE)，形成合胞体。

在自然环境下抵抗力较低，对热、紫外线、强酸强碱等非常敏感，50℃ 60min即可灭活，醇、醚、苯酚、2%的NaOH溶液以及普通清洁剂都是有效的消毒剂。

三、流行病学

主要感染山羊、绵羊等小反刍动物，流行于非洲西部、中部和亚洲的部分地区。在疫区，本病为零星发生，当易感动物增加时，才可发生流行。

主要通过直接接触传染，病羊的眼鼻分泌物、唾液、尿液、粪便，被污染的水源、料槽、垫料等都会成为传染源，亚临诊型病羊尤为危险。

在雨季、寒冷季节更易暴发，且传播速度快、死亡率高。

人工感染猪，不出现临诊症状，也不能引起疾病的传播。

四、疾病症状

小反刍兽疫潜伏期为4～5d，最长21d。自然发病仅见于山羊和绵羊。山羊发病严重，绵羊也偶有严重病例发生。一些康复山羊的唇部形成口疮样病变。感染羊临诊症状与牛瘟病牛相似。

体温可上升至41℃，并持续3～5d。病羊精神沉郁，食欲减退，鼻腔及口腔内充满黏液，甚至鼻孔堵塞、呼吸不畅，口腔黏膜弥漫性溃疡和大量流涎，有时可出现结膜炎（甚至失明）。后期常出现带血水样腹泻、脱水、消瘦，随之体温下降；出现咳嗽、呼吸异常（图5-1-2）；

图5-1-2　病羊精神沉郁，鼻孔堵塞、呼吸不畅

5～10d内死亡。

若伴有寄生虫或其他病原感染，则死亡更快。

发病率可高达90%～100%，病死率严重情况下能达到50%～100%。在轻度发生时，死亡率不超过50%。幼龄羊发病严重，发病率和死亡率都很高。

五、病理变化

病羊的上、下腭及舌头呈糜烂性损伤，且牙龈红肿，皱胃常出现出血性糜烂斑（图5-1-3、图5-1-4），瘤胃、网胃、瓣胃一般出现病变相对较少。肠系膜等有出血点，肠道可见糜烂或出血（图5-1-5），在回肠盲肠结合处有时可观察到斑马样出血性条纹；肠系膜淋巴结肿大、出血（图5-1-6）。肺门淋巴结肿大出血，肺部呈肉样性病变（图5-1-7）或者干酪样病灶。心肌出血（图5-1-8）。脾有坏死性病变。在鼻甲、喉、气管等处有出血斑，气管内充满泡沫状黏液，有些甚至已堵住气管，造成病羊无法呼吸而死亡。

小反刍兽疫病毒对胃肠道淋巴细胞及上皮细胞具有特殊的亲和性，故能引起特征性病变。感染细胞中出现嗜酸性胞浆包涵体（极少有核内包涵体），并可形成多核巨细胞。脾脏、扁桃体、淋巴结细胞坏死。消化道上皮细胞发生坏死，感染细胞发生核固缩和核

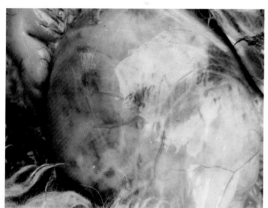

图5-1-3　病羊皱胃浆膜出血

图5-1-4　病羊皱胃糜烂或出血

图5-1-5　病羊肠道出血

图5-1-6　病羊肠系膜淋巴结肿大

图 5-1-7　病羊肺脏出血　　　　　　　　图 5-1-8　病羊心肌出血

破裂，在表皮生发层形成含有嗜酸性胞浆包涵体的多核巨细胞。

六、实验室诊断

1. 血清学检测方法

抗体检测可采用竞争酶联免疫吸附试验（ELISA）和间接酶联免疫吸附试验（ELISA）。

2. 病原学检测方法

病毒检测可采用琼脂凝胶免疫扩散、抗原捕获酶联免疫吸附试验（ELISA）、实时荧光反转录聚合酶链式反应（RT-PCR）、普通反转录聚合酶链式反应（RT-PCR）。对PCR产物进行核酸序列测定可进行病毒分型。

七、防控措施

本病无特效治疗药物，病初使用抗生素和磺胺类药物预防继发感染，对该病的防控至关重要。另外，加强活羊调运监管，限制活羊等易感动物移动，抓好疫区和高风险区免疫，加强疫情监测报告和边境地区防控等，也非常重要。

1. 健全防疫制度

做好日常管理工作，在疫情风险存在的情况下加强对环境和圈舍消毒；严禁从疫区引进羊，对调入的羊必须隔离观察，经检查确认健康无病，才能够混群饲养；发现可疑病例，要及时向当地兽医部门报告。病羊及时隔离处理，对受污染的环境和污物无害化处理，严禁调出羊。

2. 及时圈舍消毒

隔离病羊，圈舍每天用消毒剂消毒。

3. 紧急免疫接种

疫区及受威胁区要及早进行免疫。目前，我国使用的小反刍兽疫疫苗是Nigeria7511弱毒苗和Sungri/96弱毒苗；免疫保护期可达3年。对于疫区及受威胁区的羊应全部免疫，必须保证高免疫密度，建立免疫保护带。使用过的注射器、针头、疫苗瓶要高温煮沸或用消毒剂浸泡，不得随意丢弃。尽量不和其他疫苗同时注射。

第二节　口　蹄　疫

口蹄疫是由口蹄疫病毒引起的偶蹄类动物共患的急性、热性、高度接触性传染病。其临床特征是患病动物口腔黏膜、蹄部和乳房发生水疱和溃疡，在民间俗称"口疮""蹄癀"。

一、病原特性

口蹄疫病毒（图5-2-1）为微RNA病毒科口蹄疫病毒属成员。病毒具有抗原的多型性和变异性，根据抗原的不同，可分为O、A、C、亚洲Ⅰ及南非Ⅰ、Ⅱ、Ⅲ共7个不同的血清型和65个亚型，各型之间均无交叉免疫性。

口蹄疫病毒具有较强的环境适应性，耐低温，不怕干燥。该病毒对酚类、酒精、氯仿等不敏感，但对日光、高温、酸碱的敏感性很强。常用的消毒剂有1%～2%的氢氧化钠、30%的热草木灰、1%～2%的甲醛、0.2%～0.5%的过氧乙酸、4%的碳酸氢钠溶液等。

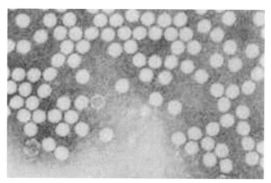

图5-2-1　电镜下的口蹄疫病毒

二、流行特点

该病主要侵害偶蹄兽，如牛、羊、猪、鹿、骆驼等，其中以猪、牛最为易感；其次是绵羊、山羊和骆驼等。人也可感染此病。

病羊和带毒羊是该病的主要传染源，痊愈羊可带毒4～12个月。病毒在带毒羊体内可产生抗原变异，产生新的亚型。

本病主要通过直接和间接接触性传播，消化道和呼吸道传染是主要传播途径，也可通过眼结膜、鼻黏膜、乳头及伤口感染。空气传播对本病的快速大面积流行起着十分重要的作用，常可随风散播到50～100km外。

羊感染口蹄疫病毒后，大多数无明显临床症状。部分羊经过1～7d的潜伏期可出现症状。病羊体温升高，初期体温可达40～41℃，精神沉郁，食欲减退或拒食，脉搏和呼吸加快。口鼻、蹄（图5-2-2）、乳房等部位出现水疱、溃疡和糜烂。严重病例可在咽喉、气管、前胃等黏膜上发生圆形烂斑和溃疡，上盖黑棕色痂块。绵羊蹄部症状明显，口黏膜变化较轻。山羊症状多见于口腔，呈弥漫性口黏膜炎，水疱见于硬腭和舌面，蹄部病变较轻。病羊水疱破溃后，体温即明显下降，症状逐渐好转。

图5-2-2　病羊蹄水疱破溃，站立或行走时蹄部敏感

三、病理变化

除口腔、蹄部的水疱和烂斑外，病羊消化道黏膜有出血性炎症，心肌色泽较淡，质地松软，心外膜与心内膜有弥散性及斑点状出血，心肌切面有灰白色或淡黄色、针头大小的斑点或条纹，如虎斑，称为"虎斑心"，以心内膜的病变最为显著。

四、诊断

根据流行病学特点及临床症状，不难做出诊断，但应注意与羊传染性脓包病、羊痘、蓝舌病等进行鉴别诊断，必要时可采取病羊水疱皮或水疱液、血清等送实验室进行确诊。

实验室诊断：采取病羊水疱皮或水疱液进行病毒分离鉴定。取得病料后，用PBS液制备混悬浸出液进行乳鼠中和试验，也可用标准阳性血清进行补体结合试验或微量补体结合试验；同时也可以进行定型诊断或分离鉴定，用康复期的动物血清对VIA抗原进行琼脂扩散试验、免疫荧光抗体试验等鉴定毒型。

五、防治措施

本病发病急、传播快、危害大，必须严格搞好综合防治措施。

要严格畜产品的进出口，加强检疫，不从疫区引进偶蹄动物及产品；按照国家规定实施强制免疫，特别是种羊场、规模饲养场(户)必须严格按照免疫程序实施免疫。

一旦发生疫情，要遵照"早、快、严、小"的原则，严格执行封锁、隔离、消毒、紧急预防接种、检疫等综合扑灭措施。"早"即早发现、早扑灭，防止疫情的扩散与蔓延；"快"即快诊断、快通报、快隔离、快封锁；"严"即严要求、严对待、严处置，疫区的所有病羊和同群羊都要全部扑杀并做无害化处理；"小"即适当划小疫区，便于做到严格封锁，在小范围内消灭口蹄疫，降低损失。疫区内最后1只病羊扑杀后，要经一个潜伏期的观察，再未发现新病羊时，经彻底消毒，报有关单位批准后，才能解除封锁。

第三节 羊 痘

羊痘是畜禽痘病中症状最严重的一种急性、热性、接触性传染病，是由于感染羊痘病毒而导致。主要特征是在病羊少毛或者无毛的皮肤以及黏膜上形成特征性的痘疹。羊感染后可传染给人，使人也发生羊痘。

一、病原特性

本病病原为羊痘病毒（图5-3-1），为双股DNA病毒，对乙醚敏感。主要存在于病羊的皮肤、黏膜的丘疹、脓疱、痂皮内及鼻黏膜分泌物中。发病羊体温升高时，血液中有大量病毒。此病毒主要是侵犯

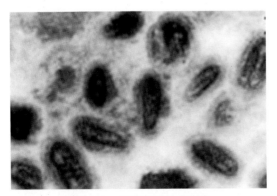

图5-3-1 电镜下的羊痘病毒

羊，人也可因为接触病羊污染物而被感染，多见于饲养人员、兽医及屠宰人员等。感染康复后获得终生免疫力。

二、流行特点

病羊为传染源，尤其是处于痘疹成熟期、结痂期及脱痂期时具有更强的传染力。传染途径为接触性感染，包括接触人、牧草、饲料、土壤、器具等。接触过羊痘病菌的任何物品，都可能成为传播媒介。也可通过空气经呼吸道感染。体外寄生虫也能作为传染媒介。

该病全年任何季节都能发生，气候寒冷、雨季、霜冻、枯草期和饲养管理因素都是发病和加重病情的诱因。开始通常只有少数羊发病，然后逐渐扩散至全群。细毛羊比粗毛羊或土种羊易感；羔羊较成年羊敏感，病死率高。

三、临床症状

潜伏期5～6d，病初为红色或紫红色的小丘疹、质地坚硬，然后扩大成为顶端扁平的水疱（图5-3-2和图5-3-3），能发展成出血性大疱或脓疱，中央可有脐凹，大小为3～5cm。在24～48h内疱破表面覆盖厚的淡褐色焦痂，痂四周有较特殊的灰白色或紫红色晕，其外再绕以红晕，以后变成乳头瘤样结节。最后变平、干燥、结痂而自愈。病程一般为3周，也可长达5～6周。病羊康复后可获得持久坚强免疫。

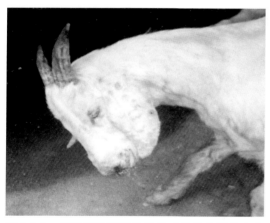 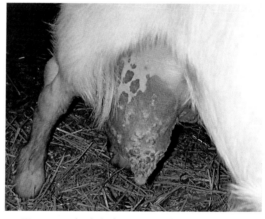

图5-3-2 病羊皮肤出现的丘疹（扬州大学焦库华 教授）

图5-3-3 部分发病母羊乳房皮肤出现的丘疹

1. 绵羊痘

病羊体温升高达41～42℃，食欲丧失，弓背站立，结膜、眼睑红肿，呼吸和脉搏加快，鼻流黏液。经1～2d后出现痘疹，痘疹多见于皮肤无毛或少毛处，先出现红斑，后变成丘疹再逐渐形成水疱，最后变成脓疱，脓疱破溃后，若无继发感染逐渐干燥，形成痂皮，经2～3周痊愈。发生在舌和齿龈的痘疹可形成溃疡。有的羊咽喉、支气管、肺脏和前胃或真胃黏膜上发生痘疹时，病羊因继发细菌或病毒感染而死于败血症。有的病羊可见痘疹内出血，呈黑色痘；有的病例痘疹发生化脓和坏疽，形成深层溃疡，恶臭，病死率达20%～50%，甚至以上。

2.山羊痘

病羊发热，体温升高达40～42℃，精神不振，食欲减退或不食，在尾根、乳房、阴唇、尾内肛门的周围、阴囊及四肢内侧，均可发生痘疹，有时还出现在头部、腹部及背部的毛丛中，痘疹大小不等，呈圆形红色结节状，迅速形成水疱、脓疱及痂皮，经3～4周痂皮脱落。

四、病理变化

表皮内有明显的细胞内及细胞间水肿，空泡形成及气球样变性，真皮有密集的细胞浸润，中央主要是组织细胞和巨噬细胞，周围有淋巴细胞和浆细胞，很少见多形核白细胞浸润。内皮细胞增生和小血管肿胀。在真皮血管内皮细胞的胞浆中可以见到嗜酸性包涵体。

五、防治措施

1.免疫接种

对于容易流行该病的地区，在发病季节前要适时给健康羊免疫接种羊痘疫苗来预防发病，一般选择在腋下或者尾巴内面无毛处注射。一般来说，山羊采取皮下注射，每只接种2mL，能够持续6个月得到保护；绵羊采取皮内注射，每只接种0.5mL，能够持续1年得到保护。

2.对症处理

对病羊皮肤上的痘疮，可涂抹适量的紫药水或碘酒，水疱或脓疱破裂后要先使用3%石炭酸或者来苏儿进行清洗，然后再涂擦药物。可注射头孢噻呋钠等药物预防继发感染。

第四节 羊口疮

羊口疮，也称羊传染性脓疱，是由病毒引起的绵羊和山羊的一种接触性传染病，以口唇、舌、鼻、乳房等部位形成丘疹、水疱、脓疱和结成疣状结痂为特征。

一、病原特性

羊口疮病毒（图5-4-1）颗粒大小约260nm×160nm，呈砖形、锥形、椭圆形等，外面包裹有螺旋状结构，还包裹囊膜。该病毒抵抗力强大，能够在干燥的低温环境中存活非常长的时间，甚至在常温下也能够存活长达15年之久。但该病毒对高温、氯仿、甲苯和苯非常敏感；例如，在60℃经过30min可被杀死；使用20%草木灰溶液、10%石灰乳、2%氢氧化钠溶液、1%醋酸处理，一般在5min以内就会被杀死。

图5-4-1 电镜下的羊口疮病毒

二、流行病学

该病的传播时间并没有什么限制，在任何时候都能够发生，但传播速度较快且范围较广的时间段一般在春、夏季，因此这两个季节羊口疮十分泛滥。该病在世界各地均有发生，给当地的养羊业带来较大的损失。

三、临床症状

典型病羊在开始时会在牙龈形成小红斑，经过2～3d逐渐变得红肿，最终形成溃疡，甚至口腔舌部（图5-4-2）和上下腭黏膜都存在大小不同的红色溃疡面，然后整个牙龈明显肿大外翻，如同桑葚状，口角不停流涎，采食量明显减少。如果没有及时进行治疗，机体会日渐消瘦，最终由于衰竭或者继发肺炎而发生死亡。有些病羊还会在口角、唇、鼻等部位皮肤上出现米粒大小红斑，之后逐渐变成结节，接着变成水疱，发生破溃后会形成棕色或者黄色硬痂（图5-4-3）。症状较轻时，硬痂会自然脱落；症状严重时患处痂垢会日渐扩大、增厚，并彼此融合，由于继发感染可形成脓疱，有时甚至会蔓延至整个唇周围及耳郭、额面等部位，大面积发生龟裂，且容易出血形成污秽的痂垢。部分病羊的背部皮肤和尾巴上也会形成硬痂，而部分只有口腔周围发生病变。

图5-4-2　病羊舌部黏膜的溃疡面

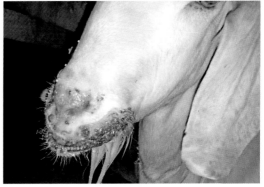

图5-4-3　病羊口角、唇、鼻等处的结节与溃疡

四、实验室诊断

1.病料处理

取自然发病羊口唇处的痂块用无菌生理盐水进行3次漂洗，接着将其剪碎、研磨，并按1：10比例添加无菌生理盐水制成悬液，再按每毫升添加2 000万IU青霉素、2 000万U链霉素，放在4℃冰箱过夜处理；3 000r/min离心10min，取上清液检查细菌，呈阴性后放在−18℃冰箱内储存备用。

2.病毒接种

取培养成致密单层的犊牛睾丸原代细胞，将培养瓶中的营养液弃去，使用维持液对细胞层进行1次轻洗；然后添加1mL病料上清液，放在37℃进行1h吸附；该过程中每10min摇动1次培养瓶。然后吸去上清液，再每瓶添加10mL维持液继续进行培养，在细胞出现超过75%的CPE时收毒，并连续进行3次传代。再继续进行48h培养，逐渐出现稳定的CPE。细胞主要病变是团聚、变圆，最终发生脱落。

3.病理组织学和电镜观察

取病羊口、唇处的病料；脱水、石蜡包埋后，制成切片；HE染色后，放在显微镜下检查。同时，取另外1份病料使用锇酸和戊二醛进行固定，制成超薄切片，再使用柠檬酸铅和醋酸双氧铀进行双重染色，然后使用透射电镜观察。结果发现表皮细胞核出现明显的浓缩，胞浆存在空泡，有些空泡化的细胞内还会存在质地均匀的嗜伊红团块；有些变性细胞胞浆内会存在近似圆形或者圆形的嗜伊红小体，大小接近正常细胞核，如同胞浆包涵体。在电镜下能看到大量包裹有囊膜的椭圆形病毒颗粒，且表面存在条索状、管状结构。

五、防治措施

1.对症治疗

如果病羊舌面、口腔等处形成溃疡，可先在患处使用3%双氧水、0.5%高锰酸钾溶液或者10%生理盐水进行多次冲洗，冲洗干净后再涂擦醋酸或5%碘甘油，也可涂擦添加有少量碳的龙胆紫（图5-4-4）。如果病羊溃疡面存在结痂，要先剥去患处结痂，然后进行冲洗、涂

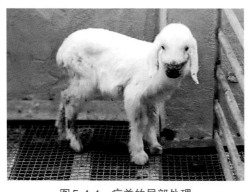

图5-4-4 病羊的局部处理

药，每天2~3次，连续使用4~6d。如果病羊症状严重，体温明显升高，可肌内注射抗生素和清热解毒药，如青霉素等，避免出现继发感染。

2.辅助治疗

清除痂垢后，创面先用0.1%高锰酸钾水洗，然后可选用2%龙胆紫或3%碘酊甘油（碘3g、碘化钾5g、75%酒精10mL溶解后加甘油10mL）或碘松石合剂（碘酊1份、松馏油1份、液状石蜡1份）涂擦，每天2次，连用3d。用磺胺类药物粉剂撒布创面。或用淡盐

水冲洗溃疡面后吹撒冰硼散（冰片15g、硼砂150g、芒硝18g、研为细末），每天2次，2d后溃疡面上长出新的肉芽组织。混合感染时要配合磺胺药和抗生素消炎、补液等措施。

3.加强饲养管理

禁止从疫区购买羊及畜产品，到场后要进行2~3周的隔离检疫，对蹄部进行多次彻底消毒。禁止饲喂带刺的饲草。羊群适时增加饲喂一定量的食盐，避免啃墙、啃土而损伤皮肤黏膜。另外，羔羊在7~25日龄开始出牙，喜欢舔食异物，容易损伤口腔黏膜，为此要确保羔羊圈舍足够干燥，铺有柔软的清洁垫草，同时补喂一定量的食盐，避免损伤口腔黏膜。羊棚和饲养工具应定期消毒，可选用10%石灰乳、20%草木灰、百毒杀、2%氢氧化钠等。

第五节 山羊关节炎-脑炎

山羊关节炎-脑炎（caprine arthritis-encephalitis，CAE）是由山羊关节炎-脑炎病毒（caprine arthritis-encephalitis virus，CAEV）引起山羊的一种慢性病毒性传染病。其主要特

征是成年山羊呈缓慢发展的关节炎，间或伴有间质性肺炎和间质性乳房炎；2～6月龄羔羊表现为上行性麻痹的神经症状。本病最早可追溯到瑞士（1964）和德国（1969），称为山羊肉芽肿性脑脊髓炎、慢性淋巴细胞性多发性关节炎、脉络膜-虹膜睫状体炎，实际上与20世纪70年代美国山羊病毒性白质脑脊髓炎在症状上相似。1980年Crawford等人从美国一只患慢性关节炎的成年山羊体内分离到一株合胞体病毒，接种SPF山羊复制本病成功，证明上述病是该同一病毒引起的，统称为山羊关节炎-脑炎。

一、分布危害

本病分布于亚洲和非洲的日本、以色列、阿尔及利亚、莫桑比克、突尼斯、刚果（金）、肯尼亚和尼日利亚，美洲和大洋洲的巴巴多斯、加拿大、哥伦比亚、牙买加、秘鲁、美国、特立尼达和多巴哥、澳大利亚和新西兰，以及欧洲的丹麦、法国、德国、荷兰、挪威、瑞典、瑞士和英国等国家和地区。

本病广泛分布于发达国家或地区，特别是北美洲的美国和加拿大以及欧洲大陆。在法国、挪威、瑞典和英国感染率比较低；在意大利、西班牙的某些地区分布广泛；而在爱尔兰及北爱尔兰似乎无本病的存在。在非洲的南非、索马利亚和苏丹未发生本病；在肯尼亚流行率很低，并主要局限于在进口的用于改良品种的公、母山羊中；在尼日利亚不同地区，山羊血清阳性率为0～18%。

在澳大利亚的奶山羊群中感染广泛，但在安哥拉山羊、克什米尔山羊及Cashgora种羊中感染非常少，在野山羊中不存在感染。在新西兰血清阳性率较低（山羊群中16%，奶山羊群中1.5%），感染与进口有关。在斐济群岛情况相似。在拉丁美洲的秘鲁和墨西哥血清学阳性率较低，感染也与进口有关，与海地相似。

中国1981年、1982年和1984年先后由美国进口萨能、吐根堡、纽宾三个品种的奶山羊258只，后来经抽检证明平均阳性率为10.8%。1988年首次在血清学水平上确诊1982年从英国进口的萨能奶山羊有CAE存在，随后将CAEV分离出来，并进行了初步鉴定，还将该病毒株暂命名为SH-1病毒株。

由于本病呈世界性分布且在许多国家感染率很高，潜伏期长，感染山羊终生带毒，且没有特异的治疗方法，最终死亡，对畜群的生产性能有重要影响，同时妨碍了种用动物的正常贸易，导致经济损失严重。

二、病原

山羊关节炎-脑炎病毒（CAEV）为有囊膜的RNA病毒，基因组在感染细胞内由逆转录酶转录成DNA，再整合到感染细胞的DNA中成为前病毒，成为新的病毒粒子。

CAEV呈球形，直径70～100nm。在氯化铯中浮密度为1.14～1.6g/mL。病毒主要由核心蛋白（主要为P28，还有P19、P16和P24）、反转录酶和4种囊膜糖蛋白（主要为gp135）构成。通过直接抗糖蛋白抗体的中和试验证明，某些野外病毒株的囊膜糖蛋白存在抗原性变异。

CAEV和梅迪-维斯拉病毒可以通过分析基因组核酸序列进行区别。这两个病毒的核酸序列在非常特异的杂交条件下有15%～30%的同源性。

以关节液、乳汁作为接种用感染材料，病毒的分离率可达90%以上，但血清中病毒含量甚微。山羊胎儿滑膜（SM）细胞常用于CAEV的分离鉴定。病羊关节滑膜及腱鞘等感染组织接种SM单层细胞后易分离出CAEV。通常感染剂量的病毒不能完全破坏SM单层细胞。毒价测定常以合胞体的形成作为判定标准。CAEV可在山羊原代细胞（如肺、乳房组织、滑膜）上增殖形成合胞体。CAEV毒株也能在绵羊（肺）细胞上复制形成合胞体。

该病毒能在山羚羊卵巢细胞系、山羊睾丸细胞、绵羊胎肺细胞和角膜细胞、蝙蝠肺细胞、MDBK和MDCK细胞系中复制，但不引起细胞病变。SM细胞感染后，经15~20h的潜伏期后，开始迅速增殖，96h达到高峰（$10TCID_{50}/mL$）。初期病毒滴度低，感染后24h细胞开始融合，镜检发现感染细胞常高度空泡化并多为多核细胞。5~6d细胞层上布满大小不一的多核巨细胞。

本病毒在环境中相对较脆弱，56℃ 1h可以完全灭活乳中的病毒。

三、流行病学

山羊是本病的主要易感动物。山羊品种不同其易感性也有区别，安格拉山羊的感性率明显低于奶山羊；萨能奶山羊的感染率明显高于中国地方山羊。实验感染家兔、豚鼠、地鼠、鸡胚均不发病。

本病呈地方流行性，发病山羊和隐性带毒者为传染源。

主要的传播方式为羔羊通过吸吮含病毒的初乳和常乳而进行的水平传播。感染性初乳和乳汁虽然含有该病毒的抗体能被羔羊吸收，但抗体量不足以防止羔羊感染。其次，可通过感染羊的排泄物（如阴道分泌物、呼吸道分泌物、唾液和粪便等）经消化道感染。同样，饮水、饲料也能传播。

易感羊与感染的成年羊长期密切接触而传播。群内水平传播半数以上需相互接触12个月以上，一小部分2个月内也能发生。呼吸道感染未能证实。医疗器械（如注射器等）通过血液传播的可能性还不能排除。

感染母羊子宫损伤与其他靶组织一样，这可以解释在有许多临床病例的严重感染群中，出现白质性脑脊髓炎的症状。目前尚无从公羊的精液中检测到CAEV的报道，通过交配而发生传染的可能性不大。

应激、寄生虫（线虫、球虫）侵袭等损害山羊免疫系统时，可诱使山羊感染本病并呈现临床症状。

四、临床症状

CAEV感染能引起山羊多种临床症状，因年龄大小而有明显差别。不满6月龄的山羊羔主要表现为脑脊髓炎型症状，成年山羊主要表现为关节炎型，可见间质性肺炎和间质性乳房炎，多数病例常为混合型。关节炎主要发生于腕关节，可能并发关节囊炎和滑膜炎。依据临床表现分为三型：脑脊髓炎型、关节型和间质性肺炎型。多为独立发生，少数有所交叉。

1. 脑脊髓炎型

主要发生于2~4月龄羔羊。有明显的季节性，80%以上的病例发生于3—8月，与晚冬和春季产羔有关。潜伏期53～131d。病初病羊精神沉郁、跛行，进而四肢强直或共济失调。一肢或数肢麻痹，横卧不起（图5-5-1），四肢划动。有的病例眼球震颤、惊恐、角弓反张。少数病例兼有肺炎或关节炎症状。

图5-5-1　发病羔羊四肢麻痹、卧地不起

2.关节炎型

发生于1岁以上的成年山羊，病程1～3年。典型症状是腕关节肿大和跛行（图5-5-2，图5-5-3）。膝关节和跗关节也有发生。病情逐渐加重或突然发生。透视检查，轻型病例关节周围软组织水肿；重症病例软组织坏死，纤维化或钙化，关节液呈黄色或粉红色。

图5-5-2　发病羊腕关节炎，消瘦

图5-5-3　CAEV感染晚期腕关节肿大，关节滑膜炎症

3.间质性肺炎型

较少见。无年龄限制，病程3～6个月。患羊进行性消瘦，咳嗽，呼吸困难，胸部叩诊有浊音，听诊有湿啰音。

五、病理变化

CAEV自然感染先局限于消化道，然后进入血液感染单核细胞，但不在其中复制。感染的单核细胞进入脑、关节、肺和乳腺等靶器官组织中转移到巨噬细胞后，CAEV才在其中复制，并释放出子代病毒。因此，CAEV的传染过程是以血液中单核细胞终生性潜伏感染为特征。虽然CAEV可在巨噬细胞中复制，但CAEV并不破坏巨噬细胞，相反，巨噬细胞为病毒逃避免疫清除起到了屏障作用。显然，CAEV在感染组织巨噬细胞中的持续复制、扩散感染，使其抗原成分充分表达，从而刺激巨噬细胞、淋巴细胞、浆细胞增生性的局部炎症反应。当患羊不能清除CAEV时，炎症反应持续存在。CAEV感染不能诱导中和抗体的产生；或抗体滴度非常低，不参与控制病毒的增殖。

病变主要集中于中枢神经系统（图5-5-4和图5-5-5）、四肢关节、肺脏（图5-5-6），乳房，还有肾脏、甲状腺和淋巴结等部位，主要表现为炎症反应。中枢神经系统：主要

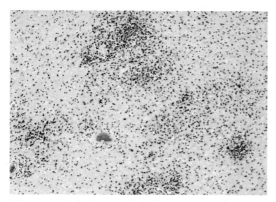

图5-5-4　中枢神经系统炎症，大量CD8$^+$T细胞浸润（E. Minguijón et al, 2015）

发生于小脑和脊髓的灰质，在前庭核部位将小脑与延脑横断，可见一侧脑白质有一棕色区；镜检见血管周围有淋巴样细胞、单核细胞和网状纤维增生，形成套管，套管周围有胶质细胞增生包围，神经纤维有不同程度的脱髓鞘变化。肺脏轻度肿大，质地硬，呈灰色，表面散在灰白色小点，切面有大叶性或斑块状实变区。支气管淋巴结和纵隔淋巴结肿大，支气管空虚或充满浆液及黏液，镜检见细支气管和血管周围淋巴细胞、单核细胞或巨噬细胞浸润，甚至形成淋巴小结，肺泡上皮增生，肺泡隔肥厚，小叶间结缔组织增生，临近细胞萎缩或纤维化。关节周围软组织肿胀波动，皮下浆液渗出。关节囊肥厚，滑膜常与关节软骨粘连。关节腔扩张，充满黄色粉红色液体，其中悬浮纤维蛋白条索或血瘀块。滑膜表面光滑，或有结节状增生物。透过滑膜可见到组织中钙化斑。发生乳房炎的病例，镜检见血管、乳导管周围及腺叶间有大量淋巴细胞、单核细胞和巨细胞渗出，继而出现大量浆细胞，间质常发生灶状坏死。少数病例肾表面有1~2mm的灰白小点。镜检见广泛性的肾小球肾炎。

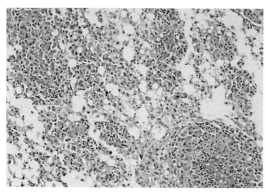

图5-5-5　中枢神经系统组织有丰富的巨噬细胞（HE染色）（E. Minguijón et al, 2015）

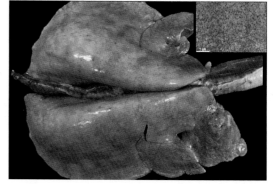

图5-5-6　肺大小和重量约为正常的2倍，表面有栗粒状斑点（E. Minguijón et al, 2015）

六、诊断

依据病史、病状和病理变化可对临床病例做出初步诊断，确诊需进行病原分离鉴定和血清学试验。目前广泛使用的血清学试验是琼脂扩散试验、酶联免疫吸附试验和免疫印迹试验。

七、防治措施

本病目前尚无疫苗和有效治疗方法，主要以加强饲养管理和采取综合性防疫措施为主。加强检疫，禁止从疫区（疫场）引进种羊；引进种羊前，应先做血清学检查，运回后隔离观察1年，其间再做两次血清学检查（间隔半年），均为阴性时才可混群。采取检疫、扑杀、隔离、消毒和培育健康羔羊群的方法进行羊群净化。羊群严格分圈饲养，一般不予调群；羊圈除每天清扫外，每周还要消毒1次（包括饲管用具），羊奶一律消毒处理；加强怀孕母羊的饲养管理，使胎儿发育良好。

发生该病的羊场，羔羊出生后应立刻与母羊分离，用消毒过的喂奶用具喂以消毒羊奶或消毒牛奶，至2月龄时开始进行血清学检查，阳性者一律淘汰。在全部羊至少连续2次检查（间隔半年）呈血清学阴性时，方可认为该羊群已经净化。

第六节　羊伪狂犬病

该病是由伪狂犬病毒引起的一种急性传染病，发病急、死亡率高。病羊以发热、奇痒（唇、鼻部及脸部）和神经系统障碍为主要临床特征，对养羊业危害严重，应引起养殖者的重视。

一、病原特性

该病的病原为伪狂犬病毒，属于疱疹病毒科、水痘病毒属，呈椭圆形或球形。病毒对外界环境有较强抵抗力，55℃加热约30min死亡；在低温条件下可存活较长时间；对日光、甲醛、乙醚、氯仿等脂溶剂敏感，氢氧化钠可将其灭活。

二、流行特点

伪狂犬病毒在自然情况下可感染牛、羊、猪、犬、猫、鼠类等。羊感染大多与带毒猪和鼠接触有关；羊接触被带毒猪和鼠类污染的饮水、牧草、用具及饲料后可通过消化道和呼吸道感染，也可经体表伤口或生殖道黏膜传染，或通过胎盘和哺乳直接传染。一年四季均可发生，但多见于春、秋两季，呈地方性流行。

三、临床症状

潜伏期一般为3～7d。发病羊体温升高，精神不振，呼吸加快，眼睑、唇部剧痒，常用前肢或在地上剧烈摩擦，以致奇痒部位出现脱毛甚至出血。病羊目光呆滞，间歇性烦躁不安，常转圈鸣叫，运动失调，并伴有磨齿、出汗、强烈喷气及后足用力踏地等神经症状。随着病情发展，肌肉产生痉挛性收缩，四肢无力，咽喉麻痹，鼻腔有浆液性黏性分泌物流出，口腔有泡沫状唾液排出，直至全身衰弱而亡。病程一般为1～3d。

四、剖检病变

消化道黏膜出血、充血，肝脏肿大发暗，胆囊充满墨绿色胆汁；气管有大量泡沫，肺脏点状出血；脾脏多处有出血性梗死，尤其是边缘明显；肾脏质地变软；脑和脑膜出血、充血，有广泛的神经节细胞及胶质细胞坏死，神经细胞核内有包涵体。

五、诊断

（1）**初步诊断与确诊**　根据流行特点、临床症状及剖检病变可初步诊断，确诊需进行实验室检查。采取病羊血液，分离血清做伪狂犬乳胶凝集试验。

（2）**鉴别诊断**　需要同狂犬病、李氏杆菌病进行鉴别诊断。

患有狂犬病的家畜多有被患病动物咬伤的病史，病羊兴奋时常常带有攻击性行为，病料悬液皮下接种家兔一般不易感染，脑内接种，发病后无皮肤瘙痒症状。

患有李氏杆菌病的病羊通常无皮肤瘙痒症状，病料悬液接种家兔不出现特殊的瘙痒症状，病料观察可发现革兰氏阳性的李氏杆菌，血液涂片染色镜检可见单核细胞增多。

六、防治措施

（1）坚持自繁自养，不从疫区引种。引种时应严格检疫，淘汰阳性羊；对引进的羊隔离观察2个月确认无病后才可以混群饲喂。此外，不同种类的动物不能混舍饲养。

（2）羊舍进行灭鼠，阻止病毒散播。同时要严格圈舍消毒，疫区内羊舍地面应采用生石灰消毒，用具、墙壁等可用20%石灰水或5%氢氧化钠喷洒消毒，垫草、羊粪等污物统一集中至指定场所堆积发酵处理。

（3）健康羊群定期免疫接种，1～6月龄的羊可在其颈部或大腿内侧2次肌内注射伪狂犬病疫苗，第一次和第二次的接种量分别为2mL和3mL，间隔时间为6～8d；6月龄以上的羊第一次和第二次肌内注射伪狂犬病疫苗的接种量都是5mL，间隔时间为6～8d。

（4）发病后，同群羊注射免疫血清，2周后再注射1次免疫血清。若无新病例出现，应对所有羊进行疫苗接种。

（5）当前尚无特效治疗药物，临床上采用中草药有一定治疗效果，同时在饮水中添加葡萄糖及电解多维或在精料中掺入维生素C粉剂，可增强羊的体质，避免继发感染。

第七节　羊蓝舌病

蓝舌病是由蓝舌病病毒（Bluetongue Virus，BTV）引起反刍动物的一种严重传染病，以口腔、鼻腔和胃肠道黏膜发生溃疡性炎症变化为特征，主要侵害绵羊。OIE将其列为A类疫病。

一、病原特性

BTV属呼肠孤病毒科环状病毒属成员。病毒呈圆形颗粒（图5-7-1），核衣壳二十面体对称（图5-7-2），直径53～60nm；核酸为双股RNA，由10个片段组成。BTV有血凝素，可凝集绵羊及人的O型红细胞，其血凝活性与衣壳蛋白VP2有关，血凝抑制试验可用于BTV分型。

BTV可在干燥血清或血液中长期存活，也可长期存活于腐败的血液中；病毒在康复动物体内能存活4个月左右；对乙醚、氯仿和0.1%去氧胆酸钠有一定抵抗力；在50%甘油中于室温下可保存多年。但3%福尔马林、2%过氧乙酸和70%酒精可使其灭活；对酸抵抗力较弱，pH 3.0能迅速灭活，pH 5.6～8.0稳定；不耐热，60℃30min灭活，75～95℃迅速失活。

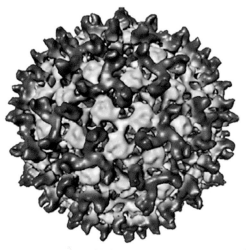

图5-7-1　BTV模式图（Polly Roy，2017）

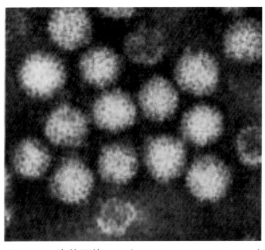

图5-7-2　电镜下的BTV（DW Verwoerd et al，1972）

二、流行病学

　　蓝舌病于1876年首次在南非发现，目前已在欧洲、亚洲、非洲、美洲和大洋洲的50多个国家广泛发生。目前，BTV有27个血清型，其中非洲分离出23个，亚洲16个，大洋洲8个，美洲12个。我国分离的血清型主要为BTV1、BTV10和BTV16。根据基因序列分析，BTV可分为12个基因型（图5-7-3）。我国于1979年首次于云南发现该病。

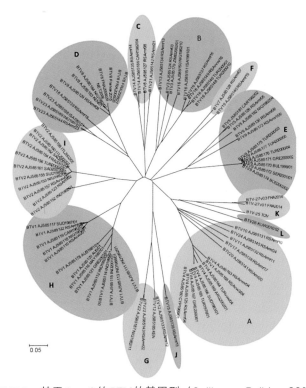

图5-7-3　基于Seg-2的BTV的基因型（Guillaume Belbis，2017）

该病多呈地方性流行，病畜与健康畜直接接触不传染，其发生、流行与库蠓等昆虫的分布、习性和生活史关系密切，具有明显的季节性（5—10月）。除库蠓外，还有许多昆虫亦可传播BTV，如沼蚊、鳌蝇、虻、牛虱、羊虱和蜱等。

BTV可经胎盘感染胎儿，引起流产、死胎或胎儿畸形，胎儿感染的病毒血症可持续到产后2个月。BTV也可潜伏于公畜精液中，通过交配传播给母畜和胎儿。弱毒疫苗也可穿过胎盘感染，造成繁殖障碍。

三、临床特征

潜伏期5～12d。羊发病后表现为体温升高至39～42℃，可维持6～8d，精神委顿，食欲丧失，大量流涎，口腔黏膜充血发绀，唇及舌水肿呈紫色（图5-7-4），水肿可一直延伸至颈部及胸部。蹄冠瘀血、肿胀部疼痛致使跛行。常因胃肠道病变而引起血痢。疾病的严重程度取决于羊体的状态和继发感染。羊多死于肺炎或胃肠炎等并发症。病程一般6～14d，发病率30%～40%，病死率20%～30%，有时高达90%。被毛易断裂，甚至全部脱落。妊娠母羊在早期感染，可导致胎儿死亡、流产。

 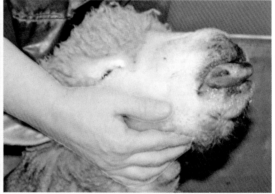

图5-7-4　绵羊蓝舌病的临床症状（左：中度；右：严重）（Anthony Wilson et al，2008）

图5-7-5　圈养牦牛的蓝舌病，舌肿胀发紫，突出口腔（Axel Mauroy et al，2008）

山羊和其他反刍动物症状较轻，一般呈良性经过；部分病牛可出现"咽喉麻痹"症状（图5-7-5）。

四、病理变化

口腔、瘤胃、心脏、肌肉、皮肤和蹄部糜烂出血、溃疡和坏死。口腔黏膜发绀、充血、出血、水肿。口腔糜烂、溃疡，舌面表皮脱落。咽喉黏膜充血、瘀血和有少量点状出血。气管黏膜瘀血，肺瘀血稍肿大，且有肺炎病变，肺动脉基底部出血是本病特征性病变；肺泡和肺间质严重水肿，肺严重充血。皮下组织充血及胶样浸润。骨骼肌严重出血、变性和坏死，肌间有清亮液体浸润，呈胶样外观。心内外膜、心肌、呼吸道和泌尿道黏膜小点状出血。脾脏轻微肿大，被膜下出血，淋巴结水肿，外观苍白。瘤胃有暗红色区，表面上皮空泡变性和坏死。重者皮肤毛囊周围出血，并有湿疹变化。

五、诊断

1. 临床诊断
依据典型临床症状和病理变化可做出初诊，确诊需进行实验室诊断。

2. 实验室诊断
样品采集宜采全血（每毫升加2U肝素抗凝）、肝、脾、肾、淋巴结、精液（置冷藏容器保存，24h内送到实验检查处理）及捕获库蠓。鸡胚接种是最实用的病毒分离方法；鉴定方法主要包括琼脂扩散试验、酶联免疫吸附试验、免疫荧光试验和PCR等。

3. 鉴别诊断
应与羊口疮、绵羊痘、口蹄疫等疫病鉴别。

六、防治措施

1. 日常预防
加强管理，注意防蠓，严格检疫和接种疫苗是防治本病的有效方法。目前普遍采用鸡胚弱毒冻干苗，但须注意该苗不能用于孕羊，可引起死胎。

2. 疫情处理
宣布疫点，划定疫区和受威胁区，实施隔离封锁和移动控制。扑杀病畜，杜绝传染源。立即开展追踪和溯源调查工作，溯源首起病例发现前20d内，运入或进入疫点内反刍动物的来源场所；追踪首起病例发现前20d内，至隔离封锁之日期间，从疫点输入过反刍动物的场所。

启动虫媒控制措施并定期采集疫点周围昆虫和血液样品进行检测。给易感动物内服或注射伊维菌素等驱虫剂；使用防虫网等隔离防虫措施；使用喷雾或地面喷洒方式环境杀虫。

3. 治疗措施
目前尚无有效的治疗药物。可采取消炎和抗继发感染措施，给病畜提供可口易消化的饲料；加强饲养管理，避免烈日风雨。

第八节　羊痒病

羊痒病是一种由朊病毒引起绵羊和山羊中枢神经系统渐进性退化的疾病，又称快步病、瘙痒病、小跑病、震颤病或摩擦病等。临床表现为潜伏期较长、中枢神经系统变性、剧痒、共济失调和死亡率高。

一、病原特性

该病病原为朊病毒，生物学特性与普通病原微生物不同，目前还没有发现其含有核酸。PrP^{SC}是朊病毒蛋白，由正常细胞的糖蛋白PrP^{C}通过构象改变而形成。

该病毒对各种理化因素都具有较强的抵抗力，如紫外线照射、热处理以及离子辐射都无法使其彻底失活，且大多数核酸酶也都无法使其灭活；使用0.35%福尔马林在37℃处理3个月无法使其失活，使用20%福尔马林在37℃处理18h无法使其完全灭活，在10%～20%福尔马林溶液中能生存28个月；脑组织感染病毒后，置于100%乙醇中在20℃处理14d也无法使其完全灭活，使用12.5%戊二醛或18.5%过氧乙酸在4℃处理16h依旧具有感染性；患病羊脑悬液在pH 2.1～10.5至少能够耐受24h。但是，朊病毒对1%十二烷基磷酸钠、5%次氯酸钠、碘酊、90%苯酚、6mol/L尿素、5mol/L氢氧化钠比较敏感。

二、流行病学

不同品种、性别的羊均可发生痒病，主要是2～5岁绵羊，易感性存在明显品种间差异。通常呈散发性流行，感染羊群内只有少数羊发病，传播缓慢。羊群一旦感染痒病，很难根除。病羊和带毒羊是本病的传染源。目前认为主要是接触性传染。已经证明，本病可以通过先天性传染，由公羊或母羊传给后代。本病虽然发病率低（约10%左右），但病畜可能全部死亡。人可以因接触病羊或食用带感染痒病因子的肉品而感染本病。

三、临床特征

该病具有很长的潜伏期，通常为1～4年。病羊主要表现出瘙痒和共济失调。发病初期，病羊体温正常，食欲良好，但容易受到惊吓，惶恐不安或双眼凝视，磨牙，有时会呈现癫痫状，部分会独自离群呆立或呈现攻击性，高举头部，且头、颈、腹出现震颤，有时还发生大小便失禁。

瘙痒是该病最典型的症状。病羊身体不断摩擦硬物，且用后蹄频繁挠痒。由于持续摩擦、口咬和蹄挠，往往会导致肋腹部及后躯的被毛脱落。随着瘙痒的不断加重，会严重影响采食和反刍。随着神经症状的逐渐加重，病羊行动失调，走动时往往会高抬四肢，步速很快，即呈共济失调。机体逐渐消瘦，最终无法站立，死亡率达100%。病程一般可持续6～8个月，有时甚至更长。

四、诊断

1. 传统诊断

主要是对病死尸体进行剖检，通过脑部检查，结合其海绵状变化，神经元退化，星形细胞出现增生，以及存在空泡等做出诊断。

2. 免疫印迹

根据PrP^{SC}和PrP^{C}各自的特性，PrP^{C}能够在蛋白酶K的作用下完全消化，而PrP^{SC}具有部分抵抗蛋白酶K消化的作用，在检测时添加被蛋白酶K消化处理的样品，如果结果表明存在PrP^{SC}蛋白，就可判断是由朊蛋白而导致的疾病。

3. 免疫组化

该法是指通过使用特异性抗体而使组织切片上存在的PrP^{SC}被直接显示出来。由于免疫组化能够使PrP^{SC}的沉积得到准确的解剖学定位，可为临床病理学诊断提供有用的客观依据，因此其临床诊断价值非常高。

五、防治措施

羊群感染后不易根除和净化，需立即进行确诊，并对全群进行扑杀。如果羊群曾经接触过发病羊，要求至少进行5年的隔离封锁。在隔离观察过程中，对于发现的疑似病羊或者发病羊，要立即采取扑杀处理，且其尸体要及早进行焚烧，肉产品绝对禁止食用。

加强饲养管理、亚临床检测、遗传控制等措施。一般来说，购买具有易感性基因型母羊群的母羊，认为是一个潜在的疾病来源，因此母羊繁育记录应详细，包括出生日期以及在整个繁育过程中与母羊相关的饲养信息，且要保存6年之久。

严格消毒，对器械（3%十二烷基磺酸钠溶液煮沸10min）、墙壁、地面（5%～10%氢氧化钠溶液、5%次氯酸钠溶液）进行消毒，可使哺乳栏内传染因子的传染水平下降。

第六章

重要寄生虫病

第一节　羊球虫病

羊球虫病是由艾美科艾美耳属的球虫寄生于羊肠道所引起的一种疾病，主要危害羔羊，1～3月龄的山羊羔发病率和死亡率较高，其特征主要表现为食欲下降，腹泻或粪便不成形，生长迟缓，严重时贫血甚至死亡。

一、病原生活史

羊球虫为单宿主寄生性原虫，只需要经过一个宿主就能够完成其整个发育过程（图6-1-1）。

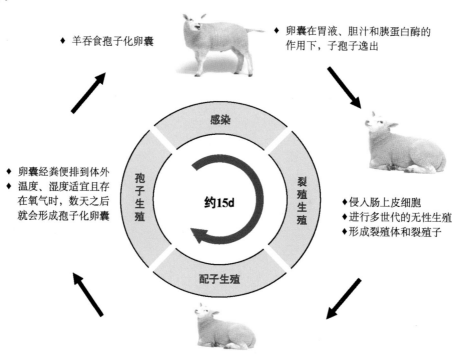

◆ 羊吞食孢子化卵囊

◆ 卵囊在胃液、胆汁和胰蛋白酶的作用下，子孢子逸出

感染

裂殖生殖

约15d

孢子生殖

配子生殖

◆ 卵囊经粪便排到体外
◆ 温度、湿度适宜且存在氧气时，数天之后就会形成孢子化卵囊

◆ 侵入肠上皮细胞
◆ 进行多世代的无性生殖
◆ 形成裂殖体和裂殖子

◆ 宿主细胞内裂殖子发育变成雌性配子体和雄性配子体
◆ 雄性配子体逸出大量小配子，并钻入雌性配子体进行受精
◆ 最后发育成卵囊

图6-1-1　球虫的生活史

病羊体内的球虫卵囊经粪便排到体外，污染圈舍。当温度、湿度适宜且存在氧气时，数天就会形成孢子化卵囊。孢子化卵囊被羊吞食后，在胃液、胆汁和胰蛋白酶的作用下，子孢子逸出并侵入肠道上皮细胞，进行多世代的裂殖生殖，由裂殖体形成裂殖子。最后一次裂殖生殖后就开始进行配子生殖，也就是进入宿主细胞的裂殖子发育变成雌性配子体（大配子体）和雄性配子体（小配子体）。雄性配子体形成大量小配子并逐渐逸出，寻找并钻入雌性配子体进行受精，最后发育成卵囊，并经由粪便排到体外。

不同种类的羊球虫，从羊食入孢子化卵囊到排出卵囊所需的时间有所不同；其中雅氏艾美耳球虫具有最强的致病性，从羊食入孢子化卵囊到排出卵囊大约需要15d。

二、发病特点

球虫卵囊发生孢子化需要适宜的温度和湿度，因此在温度较低的季节不利于卵囊发育，基本不会出现发病；而春夏季节温度较高，尤其是多雨潮湿的天气适宜球虫卵囊发生孢子化。成年羊感染球虫后一般呈现隐性感染，不表现症状，但可长时间带虫和散虫，成为重要的传染源。

三、临床症状

病羊主要症状是腹泻，排出黄绿色的稀粪，有时呈糊状甚至水样，且粪便中还会混杂血液、脱落的黏膜，并散发恶臭味，排出的粪便会黏附在肛门附近、尾巴以及后肢。精神萎靡，食欲不振，目光呆滞，被毛粗乱，体质消瘦。

四、病理变化

病变主要发生在肠道、肠系膜淋巴结、肝脏和胆囊等组织器官。小肠壁（图6-1-2）可见白色小点或斑点，小肠绒毛上皮细胞坏死，绒毛断裂，黏膜脱落等（图6-1-3）。肠系膜淋巴结水肿，被膜下和小梁周围的淋巴窦和淋巴管的内皮细胞中有虫体寄生。肝脏轻度肿大、瘀血，肝表面和实质有针尖大或粟粒大的黄白色斑点；胆管扩张，胆汁浓厚呈红褐色，内有大量块状物。

图6-1-2　发病羊的小肠外观

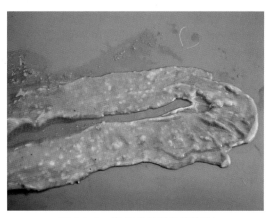

图6-1-3　发病羊的肠黏膜病变

五、实验室诊断

1.粪便检查卵囊

取羊排出的新鲜粪便，用饱和盐水漂浮法检查卵囊。若要鉴定球虫种类，则需从粪便中分离球虫卵囊，并将卵囊放入2.5%重铬酸钾溶液中在28℃培养至孢子化卵囊，显微镜下观察卵囊形态结构（图6-1-4），参照文献可初步鉴定球虫种类。

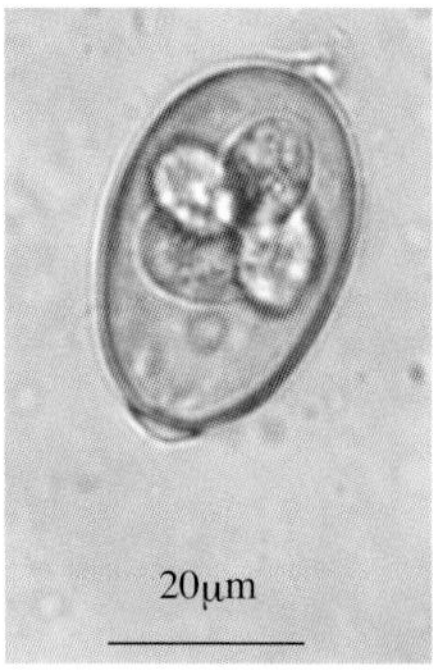

2.刮取肠黏膜镜检

将病死羊小肠管腔剪开，使用刀片刮取少量肠黏膜，置于载玻片上，取1～2滴水，混合均匀后盖上盖玻片，置于显微镜下进行检查，可发现呈椭圆形或者卵圆形的配子体和球虫卵囊（图6-1-5）。

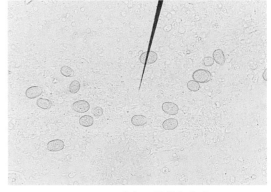

图6-1-4　球虫卵囊

3.确诊

由于羊感染球虫非常普遍，确诊要结合临床症状、剖检病变、流行病学等综合判断。

六、防治措施

1.隔离病羊、圈舍消毒

病羊隔离饲养，及时清除粪便。场外周围环境5%氢氧化钠消毒，料槽和饮水器用自来水清洗后用沸水浇泼或暴晒，其他用具使用0.3%百毒杀消毒，每天1次。

图6-1-5　球虫配子体与卵囊

2.病羊的药物治疗

病羊按体重50mg/kg肌内注射磺胺间甲氧嘧啶，连用3d。然后在饲料中加入0.02%氨丙啉混饲，连续使用15d。为预防细菌性混合感染，按20～30mg/kg体重肌内注射30%氟苯尼考，每天1次，连用3d。

3.临床健康羊的药物预防

饲料中加入0.02%氨丙啉混饲，连续使用15d，并配合按每75kg饲料添加强力霉素20g混饲。在羊群的饮水中可添加适量的维生素K和电解多维，连续使用7d，以提高机体抵抗力。

4.加强饲养管理

羊床要与地面存在一定高度，便于及时清除粪便，减少羔羊接触粪便的机会，从而减少感染球虫卵囊。饲养密度应适宜，并根据羊的年龄分群饲养。对于哺乳期母羊可通过清洗消毒乳房，减少羔羊感染的机会。采取集中堆积发酵粪便的方式将球虫卵囊杀死；羊舍及其周围环境要定期进行消毒。

第二节　羊消化道线虫病

羊消化道线虫病可导致肉羊的消瘦或贫血，影响羊的正常发育，并可造成死亡。寄生于羊消化道的线虫种类较多，其中捻转血矛线虫（见第三节）、食道口线虫、仰口线虫、毛尾线虫和细颈线虫对羊危害性较大。

一、病原特性

1. 食道口线虫

也称为结节虫（图6-2-1），寄生在羊的大肠。雌虫长16.7～19mm，雄虫长12～13.5mm。羊感染后，肠壁上出现大量呈米粒到蚕豆粒大小不等的结节；结节内存在虫体，并继续生长发育为成虫。病羊主要症状是体重减轻，缺乏营养，腹泻，排出带血粪便，严重感染时会导致瘫痪。

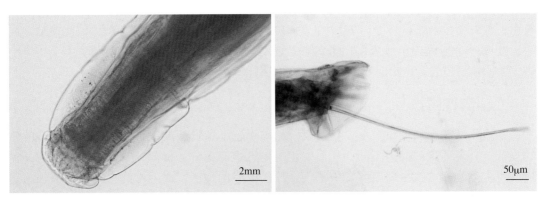

图6-2-1　食道口线虫的头端（左）与雄虫尾端（右）

2. 仰口线虫

也称为钩虫（图6-2-2），寄生在羊小肠。虫体前部朝向背面弯曲，头部具有较大口囊，口缘存在角质切板。雌虫长19～26mm，雄虫长12～17mm。病羊体内的虫卵排到体外，在比较潮湿条件下发育为具有感染性的幼虫，通过采食或皮肤侵入羊体，进入小肠继续发育为成虫并吸食血液，导致肠黏膜发生溃疡。严重感染时，病羊明显贫血，机体消瘦，颌下发生水肿，长时间腹泻，最终造成大量死亡。

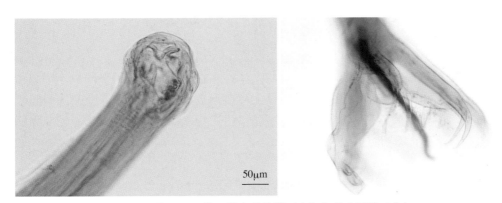

图6-2-2　仰口线虫的头端（左）与雄虫尾端（右）

3. 毛尾线虫

也称为鞭虫（图6-2-3），寄生在羊大肠和盲肠。虫体呈细长毛发状，长35～70mm。

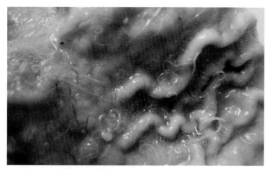

图6-2-3 寄生于盲肠的毛尾线虫

雌虫排出虫卵，在适宜条件下逐渐发育为具有感染性幼虫；当羊采食后会进入盲肠，经过1个月左右发育为成虫。病羊在发病时候通常不表现明显的症状；严重感染时才会发生腹泻，还会因为吸收毒素出现中毒症状。

4. 细颈线虫

寄生在羊小肠，有时也见于真胃。虫体呈中等大小，前部为细线状，后部相对较粗。雄虫交合伞处有1个小的背叶、2个大的侧叶以及1对细长的交合刺，彼此连结，远端包在同一个薄膜内。雌虫阴门开口位于虫体的后1/3或1/4处，尾端钝圆，具有1个小刺。虫卵体型较大，产出时里面含有8个胚细胞，容易与其他线虫卵区分。

二、流行特点

羊消化道线虫病分布广泛，春、夏、秋季是感染和发病的季节。不同线虫的感染性幼虫抵抗外界环境的能力不同，从而发生的地区也有差异。例如，捻转血矛线虫病、食道口线虫病及仰口线虫病主要发生于气候比较温暖的地区，而毛尾线虫病在全国各地都有发生。羔羊对大部分消化道线虫都具有易感性，但食道口线虫对3月龄以下羔羊的感染力较低。

三、临床症状

羊经常混合感染多种消化道线虫，而多数线虫以吸食血液为生，因此病羊会出现不同程度的贫血；虫体的毒素可干扰宿主的造血功能或抑制红细胞的生成，从而加重贫血；虫体的机械性刺激，可损伤使胃、肠组织，降低消化和吸收功能。患羊表现为营养不良，渐进性消瘦，贫血，可视黏膜苍白，下颌及腹下水肿，腹泻或顽固性下痢，有时便中带血，有时便秘与腹泻交替，精神沉郁，食欲不振，可因衰竭而死亡。尤其羔羊发育受阻，死亡率高。

四、剖检变化

剖检病死羊可发现机体消瘦，且有大量的虫体寄生在真胃、大肠和小肠内，小肠和真胃黏膜发生不同程度的卡他性炎症，盲肠壁上存在很多灰色的结节，并会突出到肠浆膜表面；皮肤和可视黏膜苍白，血液稀薄，脏器颜色变淡，存在腹水、胸水，且心包积液，腹腔内存在胶冻状的脂肪组织。

五、诊断

一般应根据流行病学、临床症状、粪便检查和剖检发现虫体进行综合诊断。为进一步提高检测结果的准确率，应该加大粪便的检查力度，在检测过程中可以使用饱和盐水漂浮法，效果较好。因为羊的草食习性，带虫现象极为普遍，故发现大量虫卵（图6-2-4、图6-2-5、图6-2-6、图6-2-7）才能确诊。

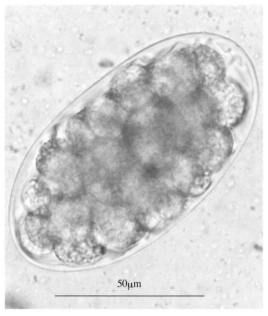

图6-2-4 食道口线虫卵

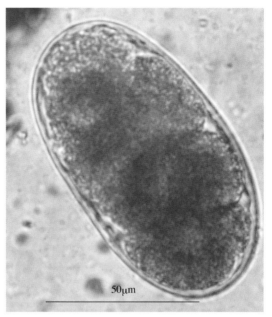

图6-2-5 仰口线虫卵

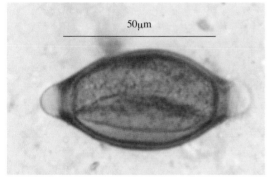

图6-2-6 毛尾线虫卵

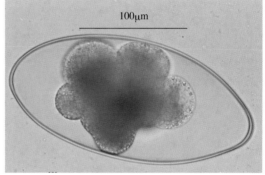

图6-2-7 细颈线虫卵

六、防治措施

1.定期驱虫

根据当地的气候特点和流行病学，推荐养殖户每2个月进行1次预防性驱虫。一般驱虫可选择使用伊维菌素、左旋咪唑、甲苯咪唑、阿苯达唑等。

2.药物治疗

病羊按体重口服5～20mg/kg阿苯达唑或者按体重使用5～10mg/kg左旋咪唑，混饲或者肌内、皮下注射。或按体重使用600mg/kg吩噻嗪，添加适量面汤制成悬浮液后灌服。或按体重使用0.2mg/kg伊维菌素或阿维菌素，1次口服或皮下注射。

3.加强饲养管理

加强饲养管理，确保饮水清洁卫生，适当补充矿物质和维生素，增强羊体抗病力，特别注意保护幼羊。

粪便是消化道线虫传播的最重要途径，所以要对计划性驱虫和治疗性驱虫后排出的粪便及时清理，进行发酵，以杀死其中的病原体，消除感染源。

第三节　羊捻转血矛线虫病

羊捻转血矛线虫病也叫捻转胃虫病，是因为真胃内寄生有羊捻转血矛线虫而引起。主要临床特征是体质消瘦、腹泻、贫血、衰竭等，尤其对羔羊的危害较大，有时能够造成急性死亡。

一、病原特性

捻转血矛线虫也称捻转胃虫，寄生在羊的真胃和小肠。虫体为细长线状，雌虫长18～30mm，雄虫长10～20mm（图6-3-1）。虫体吸血后，外观可见白色的生殖器官缠绕在红

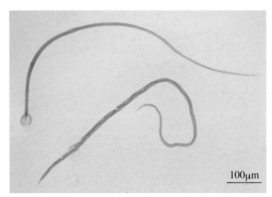

色肠管上。在宿主体内，成虫产出的虫卵经粪便排到体外；在环境温度、湿度以及氧气适宜的情况下，经过蜕化依次发育为第一期、第二期、第三期幼虫。其中第三期幼虫能感染宿主，也叫感染性幼虫。感染性幼虫侵入宿主体内后，在体内进行一系列的移行、发育为成虫并寄生在胃和小肠内，成虫能生存长达1年。虫体不仅通过直接吸血和损伤胃壁致其持续出血而造成贫血，还能够分泌毒素使造血功能受到影响，导致消化液分泌紊乱，阻碍饲料的

图6-3-1　捻转血矛线虫（上为雄虫，下为雌虫）

消化吸收，使羊出现一系列症状，如营养不良等，严重时会因衰竭而发生死亡。

二、流行病学

流行季节性强，高发季节开始于4月青草萌发时，5—6月达高峰，随后呈下降趋势，但在多雨、气温闷热的8—10月也易暴发。

三、临床症状

发病初期，病羊消化不良，部分发生腹泻，部分发生便秘，腹泻时会排出黑褐色的粥样粪便，在肛门尾部和后腿附着。接着导致羊消瘦，发生贫血，无法跟上羊群，精神沉郁，眼结膜明显苍白，四肢无力，部分甚至卧地后无法站起，但触诊每个关节没有发热和痛感。发病后期，部分病羊颌下水肿，最终衰竭而发生死亡。

四、剖检变化

病变主要发生在消化道。瘤胃内存在少量的草料，瓣胃、网胃、瘤胃黏膜正常，一般无充血、出血；但真胃比较空虚，且黏膜发生充血、出血。真胃内存在大量的淡红色、

毛发状的线虫（图6-3-2），虫体长度一般为20mm左右。十二指肠黏膜发生充血，存在少量的线虫，而其他肠道黏膜一般充血、出血。

五、实验室诊断

1.粪便检查

粪便分别采取漂浮法和沉淀法进行处理，然后使用显微镜观察，能够看到大量的虫卵（图6-3-3），大小（75～95）μm×（40～50）μm，卵壳较薄，表面光滑，略带黄色。

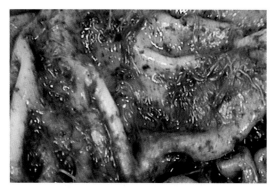

图6-3-2　胃黏膜表面的捻转血矛线虫

2.虫体鉴定

虫体呈毛发状，由于吸血而变成淡红色，虫体表面存在纵嵴和横纹，具有明显的颈乳头，头段比较尖细，口囊小，内有一个毛状角质齿。雄虫体长10～20mm，具有发达的交合伞，背肋呈"人"字形；雌虫体长18～30mm，生殖器为白色，内有未成熟的灰白色虫卵，消化道与生殖道相互缠绕呈"麻花状"，由此可鉴定为捻转血矛线虫。

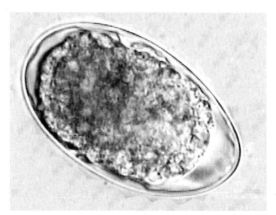

图6-3-3　捻转血矛线虫的虫卵

六、防治措施

1.加强饲养管理

每年两次清理羊舍，将粪便在适当地点堆积发酵处理，消灭虫卵和幼虫，特别注意不要让冲洗羊舍后的污水混入饮水，羊舍适时药物消毒。

2.计划性驱虫

在严重发病的地区和6—9月的发病高峰期，可每月驱虫1次，能起到很好的预防效果。在12月末至第二年的1月上旬要驱虫1次，不仅能够有效驱除发育受阻的幼虫，还能够避免在春末夏初出现感染高峰。

3.药物治疗

盐酸左旋咪唑，按体重灌服8～10mg/kg，也可添加在饲料中混饲，或按体重肌内注射5～6mg/kg，宰前7d停药。也可使用阿苯达唑，按体重口服5～15mg/kg。也可按体重使用0.2mg/kg伊维菌素或阿维菌素，1次口服或皮下注射。

若混合感染其他肠道寄生虫，特别是绦虫，可按体重投服20mg/kg阿苯达唑和10mg/kg左旋咪唑，宰前14d停药。

第四节 羊肺线虫病

羊肺线虫病是由网尾科网尾属和原圆科原圆属及缪勒属的线虫寄生于羊呼吸器官而引起的疾病。

一、病原特性

1.虫体特征

丝状网尾线虫，虫体呈乳白色线状。雄虫体长30mm左右，交合伞比较发达，呈靴状，黄褐色，也为多孔结构。雌虫体长35～44.5mm，阴门位于虫体中部。

2.生活史

雌虫寄生在羊的气管和支气管内，并在此处产卵，且在卵产生时就含有幼虫。当羊咳嗽时，虫卵经痰液到达口腔；大部分被吞咽进入消化道，小部分随鼻腔液或痰液排到体外。

进入消化道的虫卵，其内含有的幼虫就会逸出，并通过粪便排到体外。幼虫排到体外后，在条件适宜时会经过2次蜕皮而变成具有感染性的幼虫。这种幼虫能够附着在草上或落入到水中，羊采食饲草或饮水时会被感染。幼虫侵入肠壁后，会通过血管和淋巴管移动到心脏，再经血液循环侵入肺脏，并钻过毛细血管侵入到肺泡，最后进入支气管和小支气管内继续发育为成虫。

二、流行特点

虫体具有耐低温特性，在4～5℃条件下能够发育，在积雪堆下也能存活；同时还具有非常强的抗干燥能力，尤其在阴雨气候、潮湿环境中生长良好。故在高寒地区和多雨潮湿的地区均可发生。

该虫通常对羔羊造成严重危害，并且抵抗力较弱的老、弱、病羊也比较容易发生该病，而营养状况良好时基本不会发生。成年羊感染后基本不会表现出症状。

三、临床症状

羊群中开始有少数羊干咳、打喷嚏，食欲不振，经常卧地，尤其在运动过程中以及清晨、夜间更加明显。

病羊出现咳嗽时，呼吸加快，被毛干燥粗乱；贫血，机体日渐消瘦；头部、胸部及四肢发生水肿，体温基本没有变化。少数病羊会出现异食现象，如吞食塑料布、土块等异物。

病羊症状严重时，会经常咳嗽，感到痛苦，出现腹泻，下颌、胸下以及四肢发生水肿，最终由于过度消瘦而发生死亡。有时能够在病羊咳出的黏液中发现存在线状虫体。

四、剖检变化

尸体明显消瘦，存在不同程度的肺气肿；肺边缘出现灰白色的肉样小结节，用手触

摸比较坚硬；气管和支气管内含有红色或
黄白色黏液，支气管黏膜充血、肿胀，且
存在小出血点，气管中有混杂血丝的黏性
或脓性分泌团块，还可在细支气管、支
气管及气管内都发现不同数量的线状虫体
（图6-4-1）。

图6-4-1　肺脏支气管中的虫体（引自陈怀涛）

五、实验室诊断

采取漏斗幼虫分离法，即取15～20g
病羊新鲜粪便，放在铺垫几层纱布或放
置筛子的过滤漏斗上，漏斗下面连接一根短橡皮管，并使用夹子夹紧，然后添加40℃左
右的温水，直到液面没过粪球后停止，静置1～3h。此时幼虫就会在水中游走，且能够
相继穿过纱布和筛孔，逐渐沉积在橡皮管的底部。接取橡皮管底部的液体，进行沉淀后
弃去上层液体，取沉渣显微镜检查。能够看到大量非常活跃的幼虫，长400～500μm，
宽23～27μm。滴加1滴碘液将幼虫杀死，盖上盖玻片，再放在显微镜下观察虫体形
态。发现其头端钝圆，存在一个纽扣状结节，而尾端较细且钝，且体内存在较多的黑色
颗粒。

六、防治措施

1.加强饲养管理

羊舍应干燥、通风，羊床与地面之间距离合理。饲养密度适宜控制在每100m² 75～
100只，且根据强弱、公母进行分群饲养。成年羊和羔羊分群饲养，且要确保饲草清洁。

2.药物治疗

选用伊维菌素或阿维菌素，按每千克体重0.2mg，一次口服或皮下注射。也可选用阿
苯达唑，羊每千克体重5～10mg内服。如病羊症状严重，应静脉注射适量的葡萄糖和维
生素C，同时使用青霉素抗菌消炎。

对于同群其他没有表现出临床症状的临床健康羊，也可使用伊维菌素或阿维菌素进
行预防，按每千克体重0.2mg，皮下注射。

第五节　羊莫尼茨绦虫病

羊莫尼茨绦虫病是由莫尼茨绦虫寄生于羊小肠内引起的一种寄生虫病，主要危害羔羊，
导致生长缓慢、被毛粗乱、体质消瘦、贫血、腹泻、水肿等，感染严重时可造成死亡。

一、病原特性

1.病原特征

病原包括扩展莫尼茨绦虫和贝氏莫尼茨绦虫。二者头节都呈球形，具有4个圆形吸
盘。扩展莫尼茨绦虫体长为1～5m，最宽处达16mm左右；贝氏莫尼茨绦虫体长能够达

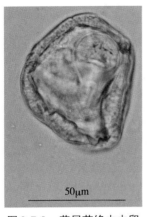

图 6-5-1　莫尼茨绦虫虫卵

到 6m，最宽处可达 26mm。虫卵呈圆形、方形或者三角形，直径为 50 ~ 60μm（图 6-5-1），内膜体为梨状，内有一个六钩蚴。

2. 生活史

草地与羊场环境中自由生活的地螨是莫尼茨绦虫的中间宿主。在羊小肠内寄生的绦虫成虫会持续脱落孕卵节片，随着粪便排到体外。孕卵节片或虫卵被地螨采食后，在地螨体内发育成似囊尾蚴。

羊采食污染有地螨的牧草后，似囊尾蚴在羊消化道内就从地螨体内逸出，并黏附在羊肠壁上继续发育变成成虫，之后即可向外排出孕卵节片。虫体在羊体内一般能生活 2 ~ 6 个月，之后就会自行排到体外。

1.5 ~ 8 月龄的羔羊容易发生，且其流行与地螨的生活特性紧密相关。因为地螨通常在温暖且多雨的季节活动，所以 7—8 月感染达到高峰。

二、临床症状

病羊贫血，体质衰弱，被毛粗乱、失去光泽；幼羊生长迟缓；食欲不振，伴有腹泻，排糊状粪便。

随着病程的延长，羊采食逐渐停止，瘤胃蠕动缓慢，严重时出现瘤胃臌胀；下痢与便秘交替出现，粪便中有成熟脱落的（图 6-5-2），有时还能发现在肛门外吊有一段虫体。

母羊患病后发情停止，不孕，流产，死产。公羊不能用于配种。

发病后期，病羊倒地仰头，频繁做咀嚼运动，口腔周围有泡沫，对外界刺激缺乏反应，最终全身衰竭而死。

图 6-5-2　附着于粪便上的莫尼茨绦虫孕卵节片

三、剖检变化

小肠内存在不同数量的虫体。有时还会出现肠阻塞和肠扭转。羊明显消瘦，贫血，胸腹腔积聚大量的渗出液，肠系膜、肠黏膜发生出血，且有时会出现增生性变形；内脏器官如心脏、肝脏、肺脏、肾脏、脾脏等颜色变淡，血液如水样稀薄。

四、实验室诊断

1. 粪便虫卵检查

取少量病羊的新鲜粪便，采取饱和盐水漂浮法进行检查，至少能够在每个视野中发现 1 ~ 2 个虫卵。

2. 虫体检查

取肠内寄生的虫体，分离头节和成节压片观察，能够看到近似球形的小头节，其上生有4个吸盘，没有小钩和顶突，且体节宽短。病羊用药后排出的虫体，采取相同的处理能够得到相同的结果。

五、防治措施

1. 药物治疗

甲苯达唑，病羊按体重使用10～15mg/kg，配制成悬浮液后直接灌服。

阿苯达唑，病羊按体重直接口服10mg/kg。

氯硝柳胺，病羊按体重使用100mg/kg，配制成10%水悬液后用于口服。

硫双二氯酚，病羊按体重使用35～75mg/kg，配制成悬浮液用于口服。

2. 预防性驱虫

高发季节，一般30～35d进行一次驱虫，确保在羊体内寄生的绦虫发育为成虫前驱除。为确保驱虫效果良好，可在第一次驱虫后再进行一次加强驱虫。注意交替使用不同的驱虫药，防止形成耐药性。另外，为防止羊群不会感染其他寄生虫病，羊群可按体重皮下注射0.05mg/kg伊维菌素，建议每2个月一次。

第六节　羊细颈囊尾蚴病

羊细颈囊尾蚴病是由泡状带绦虫的幼虫——细颈囊尾蚴寄生于羊体内而导致的一种寄生虫病。虫体主要寄生在肝脏、肠系膜和胃网膜等处。

一、病原特性

细颈囊尾蚴呈囊泡状（图6-6-1），俗称"水铃铛"，内含透明液体，豌豆大至鹅蛋大小。囊壁很薄，囊壁上有一个向内凹入而具细长颈部的头节。

泡状带绦虫的终末宿主是犬，犬采食带有细颈囊尾蚴的动物内脏而感染。虫体在宿主体内发育成熟，孕节片经由粪便排到体外，容易导致圈舍、放牧地、饲料、饲草以及饮水等污染。

当羊（中间宿主）食入孕节片后，孕节片会进入消化道，并在里面逸出六钩蚴，随后侵入肠壁血管，通过血液循环到达肝实质，并不断移动到肝脏表面，最终侵入腹腔继续发育。

图6-6-1　细颈囊尾蚴

羔羊的易感性较高，且症状比较严重，如果感染严重且没有及时治疗会导致较高的死亡率，这是因为肝脏、肺脏等组织内寄生大量没有发育成熟的虫体，加之其移行过程中会严重损伤组织。

二、临床症状

发病初期，羊症状不明显，采食正常。之后大部分羊出现贫血、营养不良，机体虚弱、消瘦，皮肤和可视黏膜苍白，排出稀软粪便。

发病后期还会伴有腹泻、腹水、体质衰弱，腹部逐渐缩小，食欲不振或废绝，停止嗳气、反刍，最后严重衰竭而死亡。

三、病理变化

主要在肝脏、腹腔肠系膜黏膜和瘤胃浆膜发生病变。血液稀薄，肌肉色淡；胸腔存在少量的积液，肺脏颜色加深，表面存在大量奶黄色的病灶斑点；肝脏肿大，质地略软，被膜粗糙，有大量的灰白色纤维素性渗出物覆盖在上面，且有散在出血点。肝脏腹侧壁（图6-6-2）、瘤胃的腹侧壁（图6-6-3）及小肠系膜存在鸡蛋到鹅蛋大小的"水铃铛"，其囊壁呈透明状，很薄，内有透明液体，内囊壁上存在一个细长的乳白色颈部头节。切开肝脏可发现肝实质中镶嵌2/3左右的细颈囊尾蚴，导致该处出现半球形的凹陷，且切面存在虫体移行形成的灰白色虫道；病变处甚至还有处于移行发育的幼虫，并存在弯曲索状病灶，直径为1～2mm，初期呈暗红色，后期变成黄褐色。在肠系膜、腹腔浆膜处发生局限性的腹膜炎。

 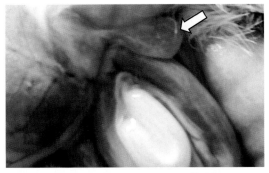

图6-6-2　肝脏侧壁的"水铃铛"　　　　　　图6-6-3　瘤胃侧壁的"水铃铛"

四、实验室诊断

取病羊肝脏或腹水中存在的含有白色囊泡状虫体的白色小点压片镜检，发现有一个圆形头节，即可鉴定为细颈囊尾蚴。

五、防治措施

1. 加强管理

禁止犬进入饲养区，防止犬粪便污染场地、羊舍、用具、饮水及草料。

饲喂优质牧草，并添加适量的微量元素、复合维生素、麸皮、玉米和豆粕等。定期清扫圈舍，并进行消毒。

2.定期驱虫

合理制订驱虫计划，并使用有效驱虫药物，如阿苯达唑等。

3.药物治疗

按体重口服 12mg/kg 阿苯达唑，每天 1 次，连续使用 3d。

按体重口服 0.25mg/kg 伊维菌素，经过 7d 再服用 1 次。

按体重口服 25～30mg/kg 吡喹酮，每天 1 次，连续使用 3d。

第七节　羊前后盘吸虫病

羊前后盘吸虫病是由前后盘科的吸虫所引起的寄生虫病。羊主要表现为顽固性腹泻，粪便呈粥样或水样，腥臭。颌下水肿，严重时头部甚至全身水肿。

一、病原特性

前后盘吸虫有很多种类，且不同种类虫体的颜色、大小及形态存在一定差异（图6-7-1）。主要寄生在瘤胃，也有的种类可寄生于网胃、盲肠、胆管和胆囊。成虫为雌雄同体，常为圆柱状、圆锥状或颗粒状，呈粉红色，口吸盘位于前端，腹吸盘位于后端或后端腹面，称为后吸盘，显著大于口吸盘。虫体长数毫米，甚至 20mm 以上。

前后盘吸虫的发育史类似肝片吸虫。瘤胃内寄生的成虫产卵并进入肠道，通过粪便排到体外。在温度适宜（26～30℃）的情况下，虫卵发育为毛蚴；之后进入水

图6-7-1　前后盘吸虫的形态

中，侵入中间宿主淡水螺体内，并逐渐发育为胞蚴、雷蚴、尾蚴；尾蚴脱离螺体后能够在水草上附着，并发育为囊蚴，此时羊食入水草就会发生感染。羊食入的囊蚴会进入肠道，接着从囊内游出童虫，之后在小肠、胆管、胆囊以及真胃内寄生并不断移行，在数十天之后到达瘤胃，最终发育为成虫。

二、流行特点

前后盘吸虫的发育需要中间宿主淡水螺，因此该病只在某些地区和季节发生。本病南方较多见，羊可常年感染前后盘吸虫病，北方羊主要在5—10月感染，多雨年份易造成本病流行。一般在低洼潮湿的地区，尤其是雨水旺盛的年份，羊易发病。在干燥高岗地区、寒冷季节较少发生。

羊采食了附着淡水螺的饲草或饮用含有淡水螺的水容易感染，呈现暖季感染（幼虫）、冷季带虫（成虫）的规律。幼虫侵入羊体内后会不断移行，从而使其经过的器官发生较大损伤。继而羊表现出明显的症状，且容易发生死亡。成虫在羊体内造成的危害较小，一般羊不表现明显症状，且基本不会死亡。

三、临床症状

通常是成羊感染该病，病羊精神萎靡，食欲不振，瘤胃蠕动缓慢；机体日渐消瘦，行动迟缓，往往卧地，口黏膜和眼结膜苍白，部分下颌发生水肿；体温明显升高，能够达到40～41.5℃；鼻镜变白、干燥。症状严重时会发生顽固性腹泻，排出黑色粪便，并散发恶臭味，目光呆滞无神，眼窝凹陷，最终极度消瘦，卧地不起，严重衰竭而亡。

四、剖检变化

病羊明显消瘦，血液呈淡红色，稀薄如水，皮下脂肪呈胶冻样，颈部皮下有胶冻样物质，各脏器色淡。

患羊瘤胃、真胃和瓣胃的皱襞内有许多暗红色虫体（图6-7-2），虫体肥厚，大小接近圆大米粒，长2～3cm，宽0.5～1cm，其数量不等，呈深红色、粉红色，如将其强行从皱襞剥离，可见虫体附着处黏膜充血、出血或留有溃疡灶。

图6-7-2　寄生在瘤胃壁上的前后盘吸虫（Taylor M.A., 2007）

五、实验室诊断

根据临床症状、病变及实验室检查可确诊病羊患前后盘吸虫病。可用反复水洗沉淀法或离心沉淀法检查粪便中的虫卵。前后盘吸虫卵呈椭圆形，灰白色，长110～120μm，宽70～100μm，具有卵盖，内为圆形胚细胞，且卵黄细胞没有将整个虫卵充满，一端存在窄隙，另一端比较拥挤（图6-7-3）。

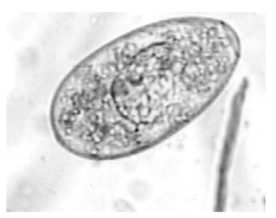

图6-7-3　前后盘吸虫虫卵

六、防治措施

全群按体重内服70～80mg/kg氯硝柳胺（灭绦灵），或按体重灌服80～100mg/kg硫双二氯酚（别丁）。病羊可按体重口服10～15mg/kg阿苯达唑片。每年3—4月、9—10月前后可用阿苯达唑片驱虫一次。

第八节　羊片形吸虫病

羊片形吸虫病是由肝片形吸虫和大片形吸虫寄生在羊的肝脏胆管和胆囊内所导致的疾病；慢性或急性肝炎和胆囊炎是主要临床表现。

一、病原特性

肝片形吸虫：是一种大型的吸虫（图6-8-1），成虫长达3cm、宽0.7～1.4cm，形似一片树叶；前端有头锥，与身体交接处似"肩膀"样。具有等大的口吸盘和腹吸盘；虫体后半段有两个睾丸，卵巢位于睾丸上方。虫卵为长卵圆形，大小为（70～80）μm×（120～150）μm，半透明的金黄色，一端具有不易观察的小卵盖。

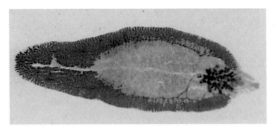

图6-8-1　肝片形吸虫的虫体

大片形吸虫：与肝片形吸虫的主要区别是肩部不明显，两侧缘近于平行。

牛羊等草食性动物以及人类都是片形吸虫的终末宿主。虫体以宿主肝脏组织和血液为食，虫卵随终宿主的胆汁分泌流入肠道，并随粪便排出，在外界环境中发育形成毛蚴。毛蚴在水中孵出。

椎实螺科的淡水螺是片形吸虫的中间宿主。在水中孵出的毛蚴感染螺蛳，然后逐步依次发育成胞蚴、雷蚴和尾蚴，尾蚴离开螺体，附着在水生植物或低洼湿地上的牧草形成囊蚴。随动物采食这些植物，囊蚴在十二指肠内脱囊而出，逸出的幼虫经过3种途径移行到肝脏发育为成虫。一是幼虫穿过肠壁进腹腔，经肝包膜进入肝脏，经移行到达入胆管内并发育为成虫。二是幼虫穿入肠系膜，进入肠系膜静脉，经门静脉随血流而到达肝脏，并穿过血管壁进入肝实质移行至胆管内发育为成虫。三是经总胆管而进入肝脏胆管。整个过程需10～15周。成虫可在动物体力寄生数年之久。

二、流行特点

该病多发于夏秋两季，尤其是6—9月多雨温暖的季节。羊食入附着有囊蚴的水草而感染，常呈地方性流行，在低洼和沼泽地带放牧的羊群发病较严重。各种年龄、性别、品种的羊均能感染，病死率较高。

三、临床症状

病羊精神沉郁，食欲不佳，贫血，黏膜苍白，黄疸。逐渐消瘦，被毛粗乱，毛燥易断；眼睑、颌下、胸腹下部水肿。便秘与腹泻交替发生，排黑褐色稀粪，有的带血。个别病羊有食土现象。严重病例一般1～2个月后，因病恶化而死亡；病情较轻的病例，可拖至次年。

四、剖检变化

病死羊皮下水肿，胸腔及腹腔内有淡黄色渗出液，当接触空气后凝固呈胶冻样。肝脏肿大、充血、出血；将肝脏沿胆管切开后，可见管壁增厚，胆管扩张，管腔内有肝片形吸虫的成虫寄生（图6-8-2），其他器官无明显病变。

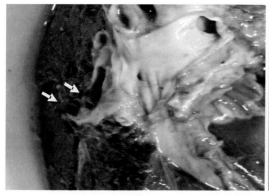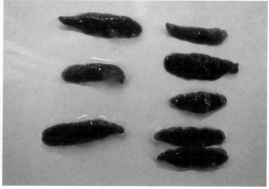

图6-8-2　肝片形吸虫引起的肝脏病变（左）及虫体（右）

五、实验室诊断

根据临床症状、流行病学、剖检变化及粪便检查等确诊本病。粪便检查：采取新鲜粪便5～10g，用尼龙筛淘洗法或反复水洗沉淀法检出肝片形吸虫卵，虫卵呈长卵圆形，金黄色（图6-8-3）。虫卵需要与前后盘吸虫卵鉴别诊断。

六、防治措施

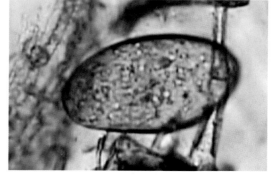

图6-8-3　肝片形吸虫的虫卵

1. 定期驱虫

每年2—3月和10—11月应有2次定期驱虫。驱虫药可选用硝氯酚，按每千克体重3～5mg，空腹1次灌服，每天1次，连用3d。另外，还可选用五氯柳胺、碘醚柳胺、氯氰碘柳胺、三氯苯达唑（肝蛭净）、溴酚磷（蛭得净）、阿苯达唑、硫双二氯酚等药物。

2. 粪便处理

定期清除粪便并进行堆肥，利用发酵产热而杀死虫卵。对驱虫后排出的粪便，要严格管理，防止污染饲料和饲槽。

3. 饮水卫生

提供清洁饮水，防止羊群在低洼、沼泽地带饮水。

4. 消灭中间宿主

消灭中间宿主椎实螺是预防片形吸虫病的重要措施。可通过填平、改造低洼沼泽地，改变生态环境来消灭椎实螺。

5. 病变脏器的处理

不能将有虫体的肝脏乱弃或在河水中清洗，或把洗肝的水到处乱泼，而使病原人为地扩散，对有病变的肝脏应立即深埋或焚烧等销毁处理。

第九节 羊双腔吸虫病

双腔吸虫病是由矛形双腔吸虫和中华双腔吸虫等寄生于羊的肝脏胆管和胆囊内所引起的疾病，可导致病羊生长发育缓慢，饲料利用率下降，严重感染时会引起死亡。

一、病原特性

1.矛形双腔吸虫

虫体呈矛状（图6-9-1），棕红色，虫体长5~15mm，宽1.5~2.5mm。口吸盘明显小于腹吸盘。腹吸盘后面有两个睾丸，呈前后斜列或者并列，略微分叶或者接近圆形。受精囊和卵巢位于睾丸的后方偏右侧，虫体中部两侧分布有小颗粒状的卵黄腺。子宫位于虫体后部，呈曲折状，含有大量虫卵。虫卵为暗褐色，呈椭圆形或者卵圆形，大小为（38~45）μm×（22~30）μm，卵壳较厚，两侧轻度不对称。虫卵一端存在明显的卵盖，内含有毛蚴。

图6-9-1 矛形双腔吸虫

2.中华双腔吸虫

与矛形双腔吸虫相似，但虫体较宽扁（图6-9-2），体前1/3处两侧呈头锥样，后面两侧呈肩样突起，其前方头部呈头锥状，睾丸左右并列于腹吸盘后。虫体长3.4~9.1mm，宽2.6~3.1mm。虫卵与矛形双腔吸虫卵相近。

两种双腔吸虫的发育都需要两个中间宿主，第一中间宿主是陆地螺（蜗牛），第二中间宿主为蚂蚁。羊食入含有双腔吸虫囊蚴的蚂蚁而感染。囊蚴在羊肠道内脱囊，童虫由十二指肠总胆管到达肝脏胆管内寄生，发育为成虫。成虫在羊体内可成活6年以上。

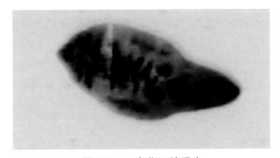

图6-9-2 中华双腔吸虫

虫卵对外界环境抵抗力很强，能在土壤和粪便中生存数月。在18~20℃的干燥环境下，经过1周依旧存活。对低温具有很强的抵抗能力，虫卵及寄生于第一和第二中间宿主体内的各期幼虫都能够安全越冬，且依旧具有感染性。另外，虫卵也具有较强的耐高温性，如50℃处理24h仍有活力。

二、临床症状与病变

病羊精神沉郁，食欲减退，机体消瘦，被毛粗乱易脱落。行动迟缓，呆立喘息、休息。反刍异常，次数不定，时少时多。贫血，可视黏膜苍白、黄染。有时发生下痢，排棕黄色的稀粪。随着症状的加重，病羊表现出明显疲劳，卧地不起，即使人为驱赶也仅能走动几步，然后又卧地。眼睑、下颌、胸下发生水肿，用手触诊有捏面团的感觉。

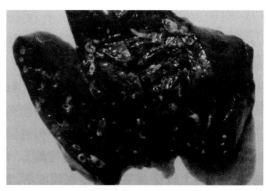

图6-9-3 双腔吸虫导致的肝脏病变（引自陈怀涛）

病羊往往会继发肝源性感光过敏症，即由于阳光强烈，会导致颜面部、耳部快速肿胀，对采食产生影响，全身症状加重，且肿胀处往往会发生大面积破溃、结痂或者继发细菌感染。最终病羊由于严重衰竭而死亡。

病死羊剖检可见肝发生不同程度的硬变（图6-9-3），尤其在肝脏边缘部较明显。胆管壁增厚，呈灰白色，有的胆管被虫体堵塞。

三、实验室诊断

1.虫卵检查
取5～10g粪便，用反复水洗沉淀法或离心沉淀法检查虫卵。

2.虫体检查
取病死羊肝脏，放在不锈钢脸盆水中打开胆囊与胆管，检查其中有无虫体。然后在水中用手（带乳胶手套）将组织撕成小块，挤压后除去小块组织；将盆中液体倒入60目铜筛中，用水冲洗至流出液体清晰；然后将铜筛倒扣于不锈钢脸盆中，加水洗涤至筛网上物全部进入水中；最后用培养皿舀出液体，肉眼或借助于放大镜检查虫体。将虫体制片后直接镜检，或用5%福尔马林固定后染色制片后镜检。

四、防治措施

1.定期驱虫
在流行地区可选用阿苯达唑、氯氰碘柳胺钠、吡喹酮等药物定期驱虫。

2.灭螺、灭蚁
因地制宜，结合改良牧地，开荒种草，除去灌木丛或烧荒等措施杀灭中间宿主。牧场可养鸡灭螺，人工捕捉蜗牛。流行严重的牧场，可用氯化钾灭螺。

3.合理放牧
感染季节，应选择开阔干燥的牧地放牧，尽量避免在中间宿主多的潮湿低洼牧地上放牧。

4.药物治疗
全群羊口服阿苯达唑和皮下注射阿维菌素进行治疗。一般羊群第一次用药后经过3～4d，可使粪便中的虫卵数量逐渐减少，第5天开始明显减少。

每只羊按体重灌服25～30mg/kg阿苯达唑，并配合按体重皮下注射0.01～0.02mL/kg 0.1%阿维菌素注射液，每次间隔1周，连续使用2～3次。

如病羊食欲减退，可肌内注射3～5mL复合维生素B注射液，或2～3mL新斯的明。

如病羊体质较差，可静脉注射200～300mL 25%葡萄糖注射液、2～3mL三磷酸腺苷注射液、2mL肌苷注射液、50～100U辅酶A；也可静脉注射250～300mL 18-氨基酸注射液、200mL复方氯化钠注射液、50～100mL 10%葡萄糖酸钙、1～2mL维生素B$_{12}$注射液，每天1次，一个疗程连续使用3～5d；也可肌内注射10～15mL右旋糖酐铁注射液，间隔1周1次，连续使用2次。

第十节　羊泰勒虫病

羊泰勒虫病是由绵羊泰勒虫和山羊泰勒虫寄生于羊的红细胞和淋巴细胞内引起的一种血液寄生虫病，其中以山羊泰勒虫致病力最强，经蜱传播；营养不良、贫血和黄疸是本病的主要特征。羔羊发病率和病死率高，成年羊症状较轻。

一、病原特性

山羊泰勒虫寄生于绵羊和山羊的红细胞和淋巴细胞内（图6-10-1）。红细胞内虫体以圆形或卵圆形居多，约占80%。红细胞染虫率为0.5%～30%，最高达90%以上。裂殖体（又称石榴体）寄生于脾脏和淋巴结的淋巴细胞中或游离于细胞之外。

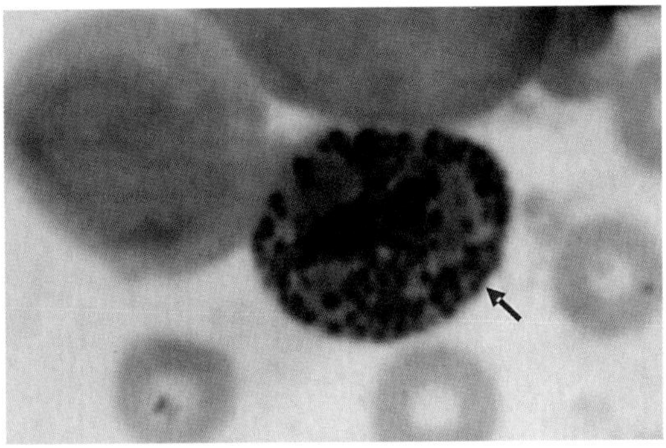

图6-10-1　泰勒虫裂殖体

二、流行特点

传播者为长角血蜱，多寄生在灌木丛、草叶中。当羊采食或路过时，蜱虫爬上羊体，叮在皮肤上吸血传播。羔羊对本病最易感，尤以2～6月龄最为多见。死亡率高达80%以上。

三、临床症状

病程1～7d，一般不超过10d。病羊精神沉郁，喜卧，食欲减退；日渐消瘦，无力。可视黏膜渐为苍白，身上叮有蜱。体温逐渐升高至41～42℃，呈高热稽留。反刍减弱或停止，排干或稀软粪便。肺泡音粗厉，流黏稠或稀水样鼻液。病羊有的呈兴奋型，表现为转圈运动。随病程延长，病羊更加消瘦，血液稀薄，体温降至常温以下。死前不断呻吟、嗥叫，起卧翻滚。有的病羊腹围高度膨胀。

四、剖检变化

尸体消瘦，血液稀薄，皮下组织苍白、微黄。心脏有多量小米粒大的出血点。肝肿大，切面肝小叶明显，呈槟榔状。胆囊肿大，充满暗绿色胆汁。大网膜、前肠系膜被胆汁浸染成黄色。肾肿大，表面有针尖大出血点。淋巴结肿大，尤以肠系膜淋巴结更为明显，切开见有多量黑灰色液体。有的病例可见真胃黏膜溃疡。

五、诊断

发病季节为蜱活动的季节；病羊临床表现贫血、消瘦、高热稽留、结膜黄染；病理剖检胆囊肿大，胆汁浸润，淋巴结肿大，切面有黑灰色液体；血液涂片镜检有羊泰勒虫；临床上用贝尼尔治疗见有特效，即可诊断为羊泰勒虫病。

六、防治措施

1.预防

灭蜱是预防本病的关键。在温暖季节，使用0.33%敌敌畏或0.2～0.5%敌百虫水溶液喷洒圈舍的墙壁等处，以消灭越冬的幼蜱。

在流行地区于每年发病季节到来之前，对羊群采用咪唑苯脲或贝尼尔(血虫净)进行预防注射。贝尼尔，按每千克体重3mg配成7%的溶液，深部肌内注射，每20d 1次。

防止外来羊将蜱带入和本地羊将蜱带到其他地区，做好购入、调出羊的检疫工作。

2.治疗

贝尼尔(血虫净)：按每千克体重7mg，以蒸馏水配成7%水溶液，分点深部肌内注射，第天1次，连用3d为一个疗程。

咪唑苯脲：按每千克体重1.5～2mg配成5～10%水溶液，皮下或肌内注射。

阿卡普林：按每千克体重0.6～1mg，配成5%水溶液，皮下或肌内注射，48h后再注射1次。

磷酸伯胺喹啉：按每千克体重0.75mg灌服，每天1剂，连用3剂。

第十一节　羊疥螨病

羊疥螨病是由疥螨科、疥螨属的疥螨寄生于羊皮肤内引起的皮肤病，又名疥癣病、癞病；以剧痒、脱毛、湿疹性皮炎和接触性感染为特征。

一、病原特性

虫体呈龟形或圆形，浅黄色，背面有细横纹（图6-11-1）。雄虫长0.2mm左右，雌虫长0.5mm左右。口器呈蹄铁形，为咀嚼式。有4对肢，肢粗而短，第1、2对肢较长，突出体缘，第3、4对肢较短，不突出体缘。雄虫第1、2、4对肢末端有吸盘，第3对肢末端有刚毛。雌虫第1、2对肢末端有吸盘，第3、4对肢末端有刚毛。

疥螨的一生都在家畜体上度过，并能世代相继地生活在同一宿主身上，发育过程包括卵、幼虫，若虫和成虫四个阶段。疥螨在宿主表皮挖凿"隧道"，以角质层

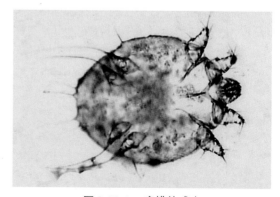

图6-11-1　疥螨的成虫

组织和渗出的淋巴液为食，并在"隧道"内进行发育和繁殖。雌虫在隧道内产卵（一生能产40～50个虫卵），卵经3～8d孵出幼虫，幼虫蜕皮后变为若虫，若虫再蜕皮变为成虫。全部发育过程为8～22d，平均15d。雄虫交配后死亡，雌虫产卵后21～35d死亡。疥螨脱离宿主后，能存活2～3周，且具有感染力。

二、流行病学

带虫羊是主要感染源。健康羊可通过直接接触感染，也可因为接触污染虫体的饲料、饲草，用具以及饲槽等感染。圈舍潮湿阴暗、饲养密度过大、体表皮肤不清洁等，最容易导致羊发病。冬季和秋末春初季节，日光照射不足，畜体毛长而密，湿度大，最适合疥螨生长和繁殖。

幼畜易发，病情较严重。螨在幼畜体上繁殖速度比在成年畜体上快。随着年龄的增长，抗螨免疫性增强。免疫力的强弱，主要取决于家畜的营养、健康状况和有无其他疾病等。

三、致病作用

疥螨寄生于角质层深处，采食时直接损伤和分泌有毒物质，使皮肤发生炎症和剧烈瘙痒。由于渗出作用，皮肤出现小丘疹和水疱，水疱被细菌侵入后变为小脓疱，患畜擦痒引起脓疱和水疱破溃，流出渗出液和脓汁，干后形成黄色结痂。病情继续发展，患部表皮过度角质化，结缔组织增生，患部脱毛，皮肤增厚，形成皱褶和龟裂褶。

四、临床症状

潜伏期2～4周，病程可持续2～4个月。病变通常会集中在被毛短少的头、颈、躯干、背及四肢等处；严重瘙痒，烦躁不安，被毛脱落，皮肤粗糙且明显增厚，并存在小红点，炎症。同时，病羊被毛在冬季脱落后，由于裸露皮肤增加机体散热，导致体内蓄积的大量脂肪被消耗，阻碍生长发育，机体日渐消瘦，甚至由于严重衰竭而发生死亡。

五、诊断

根据流行病学和临床症状可以做出初步诊断，确诊需采集患部皮肤病料进行实验室诊断（检查有无虫体）。方法是：将病料浸入40～50℃温水中，置恒温箱中1～2h；然后倒入平皿上，置解剖镜下检查。活螨在温热作用下，由皮屑内爬出，集结成团，若见沉于水底部的疥螨即可确诊。

六、防治措施

1.预防
羊群密度不要过大，定期清扫与消毒羊舍，保持通风、干燥、透光。经常观察羊群中有无发痒和掉毛现象；发现可疑病羊，要及时隔离饲养和治疗，以免互相传染。

2.治疗
涂药疗法：适用于病羊数量少、患部面积小和寒冷的季节。涂擦药物前，将患部及其周围处的被毛剪掉，用温肥皂水擦洗，除去痂皮和污物；然后用来苏儿擦洗一次，拭干后涂药；可用5%的敌百虫水溶液，配方是：来苏儿5份溶于100份温水中，再加入5份敌百虫即可，涂擦患部。

注射疗法：伊维菌素羊每千克体重0.2mg颈部皮下注射。

药浴疗法：适用病羊数量多和温暖的季节。本法既能预防羊群发病，又能用于治疗病羊。可选用0.025%～0.03%林丹乳油水乳剂，或0.05%辛硫磷乳油水乳剂，或0.05%蝇毒磷水乳剂。在药浴前应先做小群安全试验。

第十二节 羊蜱病

羊蜱病是由寄生在羊体表的蜱所引起的疾病。蜱可以传播很多疾病，是许多病毒、细菌、螺旋体、原虫等的媒介或贮存宿主。

一、病原特性

蜱也叫草爬子或草瘪子，属于蛛形纲、寄螨目、蜱总科，是一种体外寄生虫。目前，我国共有117种已知蜱类，可分为硬蜱科和软蜱科。

硬蜱呈圆形或卵圆形，通常分为假头和躯体两大部分，假头由假头基和口器组成，从躯体前端伸出（图6-12-1）。蜱体长2～13mm，吸血后的雌蜱，体长可达20～30mm，外观似蚕豆或蓖麻籽。躯体背面有几丁质的盾板，躯体腹面有4对足、生殖孔、肛门、气门板和几丁质板。

软蜱雌、雄异形性不明显，虫体扁平，卵圆形或长卵圆形，体前端较窄（图6-12-2），虫体吸食血液前为灰黄色，饱血后为灰黑色。假头从背面看不到，躯体体表大部分为适于舒张的革质表皮，背腹面均无盾板和腹板。

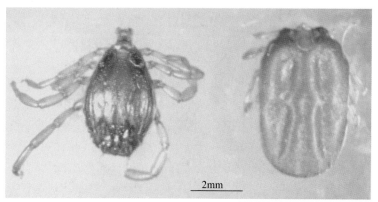

图6-12-1 硬蜱（左：雄蜱；右：雌蜱）

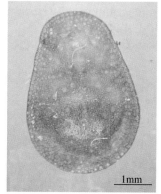

图6-12-2 软蜱（背面观）

蜱的发育过程分卵、幼虫、若虫和成虫4个时期。成虫在羊体表吸血并进行交配，雄蜱一生可交配数次。雌蜱吸取充足血液后，离开羊体而落到地面，爬行在草根、树根、羊舍等处；1～4周后开始产卵；产卵结束后雌蜱死亡。适宜条件下，卵可在2～4周内孵出幼虫；幼虫形似若虫，但个体小，有3对足。幼虫经1～4周蜕皮为若虫，硬蜱若虫只有1期，软蜱若虫经过1～6期不等；若虫有4对足，无生殖孔，能够侵袭羊体并进行吸血，落地后再经1～4周蜕皮而为成虫。

自然条件下，蜱虫在隐蔽处生存，当羊经过时附着于其体表，并在体表上固定。蜱的分布与当地的地势、气候、植被、土壤以及宿主等紧密相关，且具有较强的抵抗严寒能力。

二、流行特点

该病能够大面积发生，感染率高，任何品种和年龄的羊都能够感染，其中最容易感染的是绵羊，尤其是羔羊和青年羊更容易感染。主要在每年的高温、高湿的夏秋季节发生。成年蜱常潜伏在地面缝隙中或石块下越冬，每年2—11月可在畜体上活动，其中7—9月是高峰期。因此蜱病通常呈季节性流行和地方性流行。羊在采食过程中可感染蜱，被毛较少的部位容易寄生。

三、临床症状

蜱在侵袭羊后，通常寄生在体毛较短的部位，如耳朵、眼睑、嘴、前胸、前后肢内侧、阴户以及肛门周围等，并进行叮咬，同时将假头刺入皮肤吸取血液。通常一只雌蜱在体表叮咬形成一个伤口后，会吸引多只雄蜱在该处进行吸血。当聚集大量蜱吸血时，可损伤皮肤并伴有创痛和剧痒，导致患羊烦躁不安，且促使伤口的组织水肿、出血，皮肤明显增厚。如继发细菌感染，可导致伤口化脓及蜂窝组织炎等。

幼羊感染大量蜱，由于被吸取大量血液，再加上蜱唾液内所含的毒素侵入其体内，导致造血器官被破坏，使红细胞发生溶解，引起恶性贫血。另外，某些蜱唾液内的毒素能够引起麻痹等神经症状，从而出现"蜱瘫痪"。

如病羊长时间寄生有大量蜱虫，在以上损伤和毒害作用下，会导致贫血、机体衰弱、发育不良、逐渐消瘦。有些妊娠母羊感染后会发生流产，且容易导致娩出羔羊发生死亡。此外，该病还会导致羊毛皮品质变差，同时产乳量减少等。

四、防治措施

1.药物治疗

用溴氰菊酯、双甲脒、二嗪农等杀螨剂进行药浴、喷洒、涂擦或洗刷羊体；亦可采用阿维菌素或伊维菌素口服或注射。

2.环境灭蜱

以羊圈舍为中心对半径为30m以内的区域喷洒药物进行杀虫。另外，对输出或引进的羊进行灭蜱处理。圈舍的地面、墙壁以及饲槽等容易滋生蜱的地方，定期喷洒药物。要求选用高效、广谱、低残留、药效期长的药物，可采取轮流喷洒20%氰戊菊酯、辛硫磷浇泼剂、2%敌百虫溶液等。

图书在版编目（CIP）数据

肉羊饲养管理与疾病防治彩色图谱/成大荣，张怀林主编. —北京：中国农业出版社，2020.2
ISBN 978-7-109-25973-7

Ⅰ.①肉… Ⅱ.①成…②张… Ⅲ.①肉用羊-羊病-防治-图谱 Ⅳ.①S858.26-64

中国版本图书馆CIP数据核字（2019）第218781号

中国农业出版社出版
地址：北京市朝阳区麦子店街18号楼
邮编：100125
责任编辑：刘 伟
版式设计：王 晨 责任校对：周丽芳
印刷：中农印务有限公司
版次：2020年2月第1版
印次：2020年2月北京第1次印刷
发行：新华书店北京发行所
开本：787mm×1092mm 1/16
印张：8.75
字数：220千字
定价：98.00元